光尘
LUXOPUS

勇敢做自己

[英] 马修·萨伊德　著

[英] 托比·特里安夫　绘

施乐乐　译

北京联合出版公司
Beijing United Publishing Co.,Ltd.

目　　录

第一章　　　　　　　　　　　　　①

你认识 "怀疑小子" 吗？

第二章　　　　　　　　　　　　㉑

"一刀切" 并不是对所有人都管用

第三章　　　　　　　　　　　　㊸

"与众不同"——让人脱颖而出的绝招

第四章　　　　　　　　　　　　66

别做 "克隆人"

第五章　　　　　　　　　　　　82

做个 "好奇鬼"

第六章   101

做个"行动派"

第七章   119

做好人，酷得很

第八章   143

人生路上有坎坷

第九章   161

走自己的路

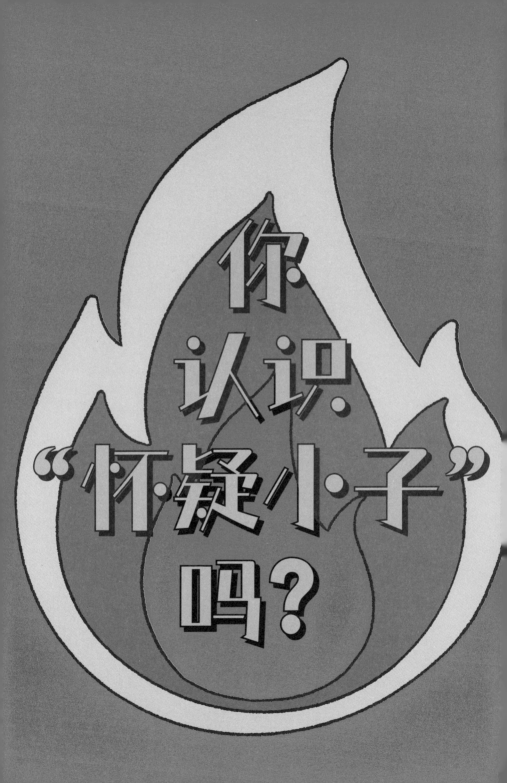

第一章 你认识"怀疑小子"吗？

我其实有点拿不准：当初我先察觉的到底是那片浓烟，还是那股焦味呢？不过，有一点我倒是拿得准：紧接着我就发觉，蒂姆·普雷斯顿快要撑不住了。他的一张脸越来越白，两条腿瑟瑟发抖——蒂姆·普雷斯顿怕是心里慌得不得了。我们两个人都紧盯着田野的另一头，冲着摇曳的火舌眯起了眼、张大了嘴。

面包店着火啦。
正烧着呢，居然能让人眼睁睁地看见火舌。

滚滚黑烟正冲天而去，就在我们两个人的身后。

唔，顺便提一句，这场大祸，是我俩惹出来的。

1

事情还得从那年学校开始放假的时候说起。总之,学年期末的一段日子有点难熬,我在好几门考试里吃了瘪,又在某堂化学课上闯了点祸,把高锰酸钾和隆老师的裤子都牵扯了进来,而我恨不得赶紧忘掉这场祸事。因此,我哥的朋友蒂姆·普雷斯顿和菲利普·贝克到我家来玩的时候,我就下定了决心:眼前正是我的大好机遇,让我把过去的烂账一笔勾销,在我哥那帮人见人爱的"万人迷"朋友里站稳脚跟。

可惜,最后还是事与愿违。我想要入伙,可他们一帮人根本不搭理我。很明显,假如我想变成这帮厉害角色中的一员,我必须办件响当当的大事——足以证明我跟他们一样酷的"丰功伟绩"。

瞧,蒂姆·普雷斯顿酷得很,菲利普·贝克比他还要酷。谁不盼着跟这两位交朋友呢?看上去,蒂姆·普雷斯顿似乎样样都玩得溜,菲利普·贝克则是个搞笑高手。我好想成为他们中的一员啊。因此,他们提议大家去野外生一堆篝火时,我不禁心想:我的大好机会到了。于是,我从厨房抽屉里取出了火柴。

篝火?
————
当初我到底有没有
动过半点脑筋?

这种主意能有什么好下场？

不可能有什么好下场嘛。事实上，下场确实很惨。

真相就是，当时我根本没动脑子。我只是没头没脑地想在蒂姆·普雷斯顿面前露一手，设法让他和菲利普·贝克对我有些好感。

当时，我还从来没有动手点过一次篝火，我敢说他们俩也没试过。在那之前，我只参加过一次篝火聚会，那是本地社区中心举办的一场活动，办得有规有矩。

他们两人提议让我先去点火的时候，事情就很明显了：这主意糟糕透顶。可是，我还是答应了下来。我们拿着火柴摆弄了大约二十三秒钟，过程并不算很有意思，尤其是我为了显示自己生篝火很有一套，结果烧到了大拇指。我再说一次吧，免得大家还有点拿不准点火是不是个坏主意。**点火这个主意简直糟透了。**

后来我们扔了火柴，朝田野深处奔去。蒂姆和菲利普又跟我玩起了摔跤，换句话说，也就是他们一次又一次地把我朝地上摔，而我装作感觉很有趣的样子，但其实他们已经把我摔伤了。

我们傻乎乎地把刚扔在面包店后的火柴忘了个干净。

直到我们转过身，一眼望见了那团熊熊烈焰。

"怀疑小子"和他种下的恶果（不，这可不是某个最新的说唱组合……）

待会儿再谈面包店那场大祸吧。因为，正是在那一瞬间——在我被蒂姆·普雷斯顿和菲利普·贝克放倒，又发现我们竟然点着了面包店的那一瞬间——我悟到了一个道理，一个改变人生的道理。从那一刻起，我一直秉持着这个原则。

不如先退回到几年前，让我给大家介绍一下**"怀疑小子"**吧。这小子是我在学校里认识的，刚开始的时候，他让人觉得很有距离感。我见到他的次数不多，对我来说倒没什么大不了——对方又不是什么讨人喜欢的开心果。

不过，只要他在身旁，我就会觉得不太自在，有点忐忑，有点不太自信，仿佛我自己不合群，我可并不喜欢这种感受。

初遇**"怀疑小子"**的那一阵子，我正在读J.R.R.托尔金[1]写的《霍比特人》。我实在太爱《霍比特人》了，故事情节动人心魄，让我爱不释手。于是，我干脆把书带去了学校。通常我会在午餐时段踢足球，可那天我只一心盼着读下一章，见证书中奇幻世界里的又一场惊心动魄的战斗，我已经成了书中奇幻世界的一分子啦。我

怀疑小子

---

1. 约翰·罗纳德·鲁埃尔·托尔金 (J. R. R. Tolkien, 1892—1973)：英国作家、诗人、语言学家、大学教授，其所著奇幻小说《霍比特人》《魔戒》《精灵宝钻》闻名于世。

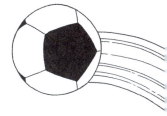

等不及了，因此我没有直奔球场，而是回了教室，从书包里掏出书，坐下读了起来。

就在那时，我的心头涌起一种忐忑的感觉，顿时意识到"**怀疑小子**"就在我身旁。几名学生正透过教室窗户紧盯着我，手里还拿着球，指着我的小说笑得东倒西歪。与此同时，我也能够望见"**怀疑小子**"的影子，他看起来跟我有几分相像，但比我凶一些，因此我一眼就认出了他。

猛然间，我只觉得双腿发软、双手冒汗，脑子里一个劲儿地琢磨着：

> **要是大家以后不想再跟我一起踢球了，该怎么办呢？要是大家朝我笑个不停，该怎么办呢？要是大家以后对我没好感了，该怎么办呢？**

因此，我干了一件至今让自己都难以释怀的事（跟点火的那场大祸没法比，但还是让我很后悔）。我假装自己只是瞎读一气，故意逗大家发笑。紧接着，我把书扔进垃圾桶，奔出教室跟大家一起去球场了。

结果呢，"**怀疑小子**"一整天都没有放过我。我们在球场上踢球的时候，"**怀疑小子**"跟着我跑；下午上课的时候，"**怀疑小子**"又坐在我的后排，紧盯着我，我几乎可以感觉到他的呼吸。走路回家的途中，我感觉十分失落：我也太蠢了，竟然把自己最心爱的书扔进了垃圾桶。那一刻，我敢断定：我望见"**怀疑小子**"露出了笑容。只要我感觉别扭，他就会很开心。

(((剧透来啦)))

也许你已经猜中了真相：其实，"**怀疑小子**"不是个有血有肉的真人。实际上，"**怀疑小子**"只是我脑海中的一个声音，或者说是一种感觉。看不见，也摸不着；但感觉得到，听得到他说话，这一点绝对没错。有些时候，那种感觉会让人难以承受，而我悟出了一点：把"**怀疑小子**"当作一个真人对待，能让我想出对付他的计策。所以，假如大家同意，本书下文就把"**怀疑小子**"继续当成真人好了。

"扔书事件"之后，"**怀疑小子**"仿佛变得甩不掉了。他并不会时时刻刻都现身，可我总觉得他可能随时随地现身。"**怀疑小子**"总摆出一张苦瓜脸，总是勾着腰，阴沉沉的脸上总是带着愁容。

至于我，我开始担心起来，担心各种各样我以前从没有担心过的事情。我开始觉得朋友们对我并没有好感，觉得自己也许不够酷，觉得自己的穿着上不了台面，觉得自己不够优秀。

自从"**怀疑小子**"在我身边出没，我的举止也有了变化。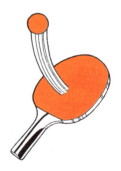
一紧张，我仿佛就会望
见"**怀疑小子**"露

出不怀好意的笑容，于是我变得沉不住气，在课堂上扮傻，好把全班同学逗笑。我心里琢磨：假如能让大家发笑，说不定大家就会对我多点好感呢。除此之外，我连乒乓球训练也开始翘了。

$\circ\circ\circ\circ\circ\circ\circ\circ\circ\circ\circ\circ\circ\circ\circ\circ\circ\circ\circ\circ\circ\circ\circ\circ\circ\circ\circ\circ$

噢，我有没有提到过，我乒乓球打得不赖？不是吧？难道我还没有来得及告诉你们，我绝对算得上是个乒乓健将吗？！**真怪啊**。我哥声称，这件事我一天到晚挂在嘴边，不过，我早就知道他在瞎说。瞧，本书从开篇到现在已经足有上千字了，我却压根没有提过乒乓球的事嘛（连我参加过两届奥运会的事都没有提，没错，**两届哦**）。

$\circ\circ\circ\circ\circ\circ\circ\circ\circ\circ\circ\circ\circ\circ\circ\circ\circ\circ\circ\circ\circ\circ\circ\circ\circ\circ\circ\circ\circ$

托**"怀疑小子"**的"福"，我连乒乓球训练也开始翘了。其实我并不乐意翘掉练球，毕竟我非常爱打乒乓球。可惜，每次见到**"怀疑小子"**出现在训练馆周围，我就忍不住想起《霍比特人》和"足球事件"。我十分担心大家会取笑我，因此，我决定还是不去练乒乓球了。

"怀疑小子"甩不掉，正在猛拖我的后腿，这一点我可没有料到。我说不清该怎么办才好，但**"怀疑小子"**既害我很焦虑，又害得我犯傻。最惨的是，他害我恨不得变成另一个人。变成谁都行，除了我自己。

紧接着，我就遇见了自己长这么大

哈

哈

哈

哈

以来最惨烈的一场祸事：我差点一把火烧了面包店。

还用说吗，火灾当天肯定少不了"**怀疑小子**"的份。我哥和他的朋友们对想要入伙的我不理不睬时，正是"**怀疑小子**"取笑我，害我担心自己不够酷，高攀不上我哥和他的朋友们，接着他又撺掇我犯下了一些我明知不该犯的错事。

蒂姆·普雷斯顿和菲利普·贝克从熊熊烈焰中回过神以后，他们俩居然拔腿开溜了。蒂姆闪人前留下了几句话，基本上是这么说的：

这破事跟我可一点关系也没有，你个傻蛋。

好吧，于是我留在了事发现场——唔，应该说，是**我们**留在了事发现场：我和"**怀疑小子**"，再加上大概八位消防员。本地大街小巷的人们也纷纷前来观望火灾。

这时，我一眼望见老妈正驱车朝火灾地点开过来。错不了，肯定是她。就算隔上一英里[1]，我也能认出她那辆车，因为车身上明晃晃地涂着几个亮橙色大字："萨伊德兄弟"（对，你没看错! 这辆车在后文还会提到）。

---

1. 英制长度单位，一英里约为1.61公里。——编者注(以下如无特殊标注皆为编者注)

我的心猛地往下一沉。

别再记挂什么高锰酸钾和化学老师的裤子了。局势即将升级：从"糟糕"升级到"糟糕至极"，总之比你把化学老师最拿得出手的裤子染成粉色还要糟。

"怀疑小子"种下的恶果……

谢天谢地，面包店火灾中好歹没什么人受伤。实际上，那场火最后连牛角包都没有烤焦一个。当天是周日，正赶上面包店关门。不过，没有惹出大祸，我们还算走运。至于我，倒真的挨了罚，被禁足了**好长好长一阵子**。那年夏天，家里人只有在两种情况下才准许我踏出家门：要么是去清洗面包店砖墙上的烟灰（花了整整六天呢），要么是去洗车（也就是涂着**"萨伊德兄弟"**的那辆）。

不过话说回来，我从那场火灾中学到了很多：它不仅使我至今依然无比害怕火柴，而且使我在清洗面包店砖墙的第六天时心生顿悟。

我悟到了一件事：之所以会招来这场火灾，原因在于我不仅任由别的事物和别人（也就是**"怀疑小子"**）主导了我的感受和行为，而且这种情形已经太久太久了。为了让蒂姆·普雷斯顿对我产生好感，我差点儿把面包店付之一炬，而且我竟然连《霍比特人》都没有读完。

忽然间，我明白了过来：我根本不需要"**怀疑小子**"啊。实际上，假如我有自信，按我真心的意愿办事，情况会好得多。毕竟，"**怀疑小子**"可算不上我的朋友。哪门子朋友会让你感觉自己是个废材？会恨不得让你改变举止，仅仅是为了跟其他人合群？会恨不得让你焦虑又不安？这半点儿也**算不上**朋友所为，这样做的人只会拖你后腿。

于是，我跟自己约法三章：我下定了决心，不再任由"**怀疑小子**"害我患得患失了。我要走**自己**的路，才不要走别人的路呢。我终于悟出一个道理："酷"的本质就是做自己。从那一刻开始，我向自己许下了承诺：

1.跟真心欣赏我这个人的人交朋友；
2.做适合我自己的选择。

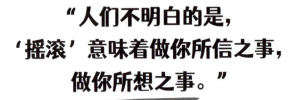

"人们不明白的是，
'摇滚'意味着做你所信之事，
做你所想之事。"

——酷玩乐队主唱克里斯·马汀 [1]

---

1. 酷玩乐队（Coldplay）：成立于1996年，一支来自英国伦敦的摇滚乐队。

跟自己约法三章以后，没过多久，我就发现了一点："怀疑小子"是个非常难甩掉的家伙。我已经发过誓，要是他再在我身边出没，我绝不搭理那张苦兮兮、没血色的面孔。可他还是露面了，而且常常露面呢。每逢派对、考试、比赛、排练戏剧、学校出游，"怀疑小子"都不会缺席，就算削尖了脑袋，也要往里钻。

　　于是，不久后我也好奇起来："怀疑小子"为什么能把我变成这副模样？我为什么恨不得自己人见人爱？一见到"怀疑小子"朝我露出幸灾乐祸的笑容，我就会患得患失，我又该怎么克服这种焦虑感呢？我必须想出几条计策，帮自己树立自信。"怀疑小子"害得我没有办法重新振作，我也必须拿出对策。

　　等到年岁渐长以后，我从这些计策中总结出了一份计划书，也相当于某种宣称"勇敢做自己"的声明。要是觉得自己有点拿不准，我会一条接一条地读读这份"计划书"，好让自己树立自信，走自己的路，也有自信质疑身边的世界，有自信在事情进展出乎意料时做出改变。

计划书
（"勇敢做自己"之宣言）

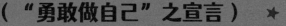

1 **跟真心喜爱你这个人的人做朋友。**

假如你还没有交到这种朋友，继续找吧。世上真有这样的人，我保证。

2 **做适合你自己的选择。**

不要听"怀疑小子"的满嘴瞎话。

3 **切勿盲目跟风和跟别人学。请做你自己。**

这一条在下文里会细讲，其中可有些科学道理呢。

4 **开口问问题吧，一条接一条地发问。**
此外，善用当前的形势。

判断当前形势的时候，切勿只看表面。不妨当个好奇鬼，问问事情为什么会变成现在这样——同时瞧一瞧，你是否能让形势更有利。

5 **别怕按你自己的节奏办事。**

勇敢地开口向人求助。假如有必要，不妨慢慢来。

6 做好心理准备，准备变通。

也许你无法立刻摸索出自己的路。也许在摸索出真正适合自己的途径之前，你必须做出好几次改变。

7 与人为善。千万别听那些对你怀有恶意的人的话。

先别吐。听上去是有点让人反胃，但我会在下文跟大家说清楚：做个好人其实对你有利。再说，谁又乐意变成别人身边的"怀疑小子"呢？

8 去行动，别干等。动起来吧，一切取决于你。

总之，敢于与众不同。勇敢做自己！

多说一句：假如上文的条条框框乍一看很吓人，请别担心，因为这一整本书全是用来讲这些观点的。我一心盼着跟大家分享"计划书"里的策略，帮助大家面对自己心中的"怀疑小子"。

揪出你心中的"怀疑小子"

人人心中都有个**"怀疑小子"**。我的意思是，没有一个人逃得掉。就算他们嘴上不承认，就算他们显得无所不能，就算他们看上去朋友多多——多得能够把整个伦敦温布利球场填满，就算他们看上去什么也不在乎。原因在于：

(((剧透来啦)))

算起来，**"怀疑小子"**恐怕有大概七十七亿个兄弟姐妹呢（想想他一大家子的大团圆）。地球上每一个人，心中都各有一个**"怀疑小子"**，超级名人和成功人士也不例外。

**"我不得不克服一个问题——
'我够优秀了吗？'"**

——美国前"第一夫人"/优秀活动家
米歇尔·奥巴马谈及心中的**"怀疑小子"**

"随时会有人发现
我是个彻头彻尾的空架子，
发现我根本
配不上我此刻所得的一切。
我绝没有可能
追上所有人眼中的我，
绝没有可能
达到所有人对我的期望。"

———— 了不起的女演员/活动家/
偶尔自我怀疑的
原"格兰芬多"学院成员
艾玛·沃森[1]

---

1. "哈利·波特"系列电影中女主角赫敏的扮演者。

你心中的**"怀疑小子"**也许跟我心中那个**"怀疑小子"**不太一样，也许个头更高些或更矮些，甚至比我那个**"怀疑小子"**更凶一些（不过，比我那个**"怀疑小子"**更凶一些的恐怕不好找）。也有可能，该角色不是个男生。不过，只要是**"怀疑小子"**，就有一个共同点——他们全都千方百计地拖我们的后腿，害我们感觉自己不完美，觉得我们理应努力随大流，觉得我们不该享受当下，反而应该奢求没有的东西。**"怀疑小子"**害我们对自己设定的目标感到不安，对自己的选择感到忐忑。

我们必须面对面地正视**"怀疑小子"**，并为成为想要成为的人而开心。理由何在呢？因为我们棒极了。还有别的理由吗？因为有的时候，我们并不感觉自己有多棒。说实话，努力合群、千方百计地变成另一个人，都会让人心力交瘁，更别提多么耗时间了。"72 Point"公司的某项研究显示，人们每天要在"担心"这件事上花掉接近两个小时。也就是说，一年差不多要担心整整二十八天！等于整个二月份都在担心，而且一天要担心二十四个小时。

因此，假如大家能够找到办法增强自信，开开心心地去做我们想做的人，也许要担心的事情就会少上许多许多。紧接着，我们还会多出大把时间，去做自己真心喜爱的事（举个例子，对我来说，是打乒乓球。此前，我提过打乒乓球了吗？噢，好吧，我已经提过啦）。

担心来担心去，无休无止。呸！

这就是本书的宗旨。我将在书中证明（听上去是夸下了海口，假如没有办到的话，大家大可以把我轰下台）你为什么理应勇敢做自己。没错，本书写的是你（唔，说实话，其实有不少篇幅写了我）。不过，说真的，这本书确实是围绕着你写的，围绕着目前的你、十分钟前的你，以及两年前的你。围绕着明天的你、后天的你、后年的你，以及未来的你。那是**你**的未来。无论是否乐意，你就是你。因此，就在此时此地，不妨让我们下定决心，确保你真心喜爱自己吧。

下文中，我将会厘清一种说法：世上有谁算是"正常人"吗？也就是说，一心想要随大流，想要做个"正常人"，其实是没有意义的。本书会向大家揭示，有些时候，照搬他人纯属浪费精力。本书会向大家揭示，成功之路并非只有一条，条条大路通罗马，适合你的成功路径，也许跟你好友或你的兄弟姐妹的成功路径完全不一样。本书会向大家揭示，最佳创意往往来自那些想法不随大流的人，因此只要坚持自己的见解，保持足够的自信，你就能找到自己的风格。本书也会向大家揭示，你理应**勇敢做自己**，因为**勇敢做自己**，正是引领诸位通向自信与快乐的途径。

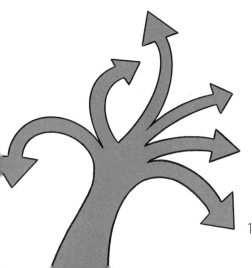

好啦，趁**"怀疑小子"**没留神，我们继续吧。另外，我们最好抓紧时间，因为**"怀疑小子"**一定还会再度现身，大家必须做好准备……

该你上场啦

见见你心中的"怀疑小子"吧

你心中有个动不动拖你后腿的**"怀疑小子"**吗？让你担心的事情
又有哪些？

○ 　取出一张白纸。假如乐意的话，你可以在白纸的一面画上你心中的
"怀疑小子"，在另一面画上自己。

○ 　在**"怀疑小子"**画像下方，画几个留言框，在每个留言框中写下一
件目前让你感觉忐忑、不安或担心的事。

○ 　试想一下：假如**"怀疑小子"**能够消失得无影无踪，你希望自己会
有些什么样的感受？你必须怎么想，必须对**"怀疑小子"**说些什
么，才能让这些成真呢？

"一刀切"并不是对所有人都管用

第二章 "一刀切"并不是对所有人都管用

正常。听上去，它是个不会出错的选择，对吧？不过，它究竟意味着什么？

意味着跟大多数人一样？随大流？

做个普通的正常人，**"怀疑小子"**就没办法取笑你了，对吧？或许，这正是许多人不惜花费大量时间来千方百计地随大流的原因。可惜，它也意味着，我们终将沦落到某个境地：做些我们并不喜欢、并不感兴趣，甚至并不相信的事，目的只是为了合群。曾经一度，我装作很痴迷玩滑板的样子。其实，我并不喜欢玩滑板，我根本连玩也没有玩过。我可不愿意摔断腿，我打乒乓球还要用腿呢。只不过，周围所有人似乎都把"豚跳"[1]和"腾空"挂在嘴边，我也不想让自己显出一副没见过世面的呆瓜相。

所以，当时我是怎么做的呢？大家恐怕猜不到，还是让我来告诉你吧。我扛着滑板上学、放学。每天扛，扛了整整一年之久，好让别的学生认定我也是同路人，认定我很正常，不出格，普普通通，是平凡人中的一个。

---

1. 滑板的一种动作，指用双脚带板起跳。

好吧，依我看，我们必须先退一步。有一点很值得思考："正常人"这一概念，最开始是从什么地方冒出来的呢？怎么样才算得上"正常"？为什么那么多人想要当个"正常人"？

先举个例子吧。下图有两个人物，两个人的年龄都是十三岁，在学校是同班同学。他们正是我和我的好友马克（算是吧）。

我

马克

我不清楚本书的插图预算是不是不够用，不过，反正有人让我自己画了这幅图。很显然，本书的插画师托比·特里安夫根本无须为我担心。

我和马克都十分"正常"，反正我们俩认定自己是"正常人"。我们喜好相似，笑点相似，住的房子也很相似。总之，方方面面都很普通——而且吧，我和马克的零花钱还都有点吃紧。

于是，我们俩琢磨出了一条惊天妙计：我们决定共享衣服。没错，你真的没有看错。

看上去，共享衣服简直是惊天妙计。我和马克身材差不多（至少我们是这么以为的），而且，我们都眼巴巴地盼着一套阿迪达斯"火鸟"运动装。我爱死运动装了，而阿迪达斯这套（至少在我和马克眼里）活脱脱便是"有型"的象征。可惜，我和马克的爸妈都告诉我们，假如我们想穿什么"潮款"衣服，就得老老实实地把零花钱存下来。于是，我们俩照办了。也正是在这时，我们琢磨出了……

那条
惊天
妙计

　　要是我和马克把手头的钱凑到一起，只买一套阿迪达斯运动装，然后再共享，不就只用花一半的钱，就能用双倍的速度存下钱来吗！

我们两人盘算得很清楚。马克会在周六穿那套运动装（我周六就穿自己的乒乓球服），我会在周日穿那套运动装（马克就穿他最体面的衬衣去教堂）——完美极了。在为细节小吵了一架以后（马克想买一套蓝色的，可我觉得黑色更衬我），我们还是出手买了一套，一时间感觉这次百分之百超越了自我。

可惜的是，我们并没有超越自我。

原因在于，虽然马克和我都算中等身材，事实却证明：马克和我算不上很相像，我们其实一点也不像。

我们合买的运动装是中号的。在店里的时候，马克和我都要穿中号。

可惜的是，大家可以从我那幅画得呱呱叫的简笔人像中看出来吧，马克的两条腿比我的腿短了一截，所以他的裤腿必须卷上去好长一截，致使运动装看上去没有想象中有型。与此同时，因为我的两条腿要长上一截，脚踝也就会露出来一截，看上去更加难看。

我的腰也比马克的腰要细一圈。因此，轮到我穿那套运动服的时候，我必须在腰上多扎一条松紧带，免得运动服太松——马克和我当初可没算到会有这笔开销。

总之，到这一步，"共享衣服"计划进展得并不像预料中那么顺利。

那套运动装的上衣就更麻烦了。马克的胸围比我大，运动服的拉链他拉不到头，看上去活像他买的是件紧身款，而我一心认定他把衣服撑大了。我的上身比马克长一截，因此上衣穿起来不够长，接不上裤子，看上去活像我穿的是件露脐款。

总之，那套运动服丑爆了。

马克和我本打算买一套我俩穿着都合身的服饰，谁知道买回家的衣服我俩穿着都不合身！

尽管乍一看，马克和我很像，但实际上，我们两人几乎在各方面都大不相同。其实吧，我们的脑袋、双臂、双腿和腰都各有各的特色。

上文说到的只是我和马克的身体特征，就别再提马克和我各自喜爱的音乐或各自最爱的薯片口味了吧。不过，要是大家真想知道，那我最爱的薯片口味是盐醋味，马克最爱的则是鲜虾蛊味。我们俩果然大相径庭啊。

总之，当初想为马克和我寻找"一刀切"的方案，其实行不通。我们两人真正需要的，是分别契合我们两个人的东西。

因此，从这件事中得到的教训如下：

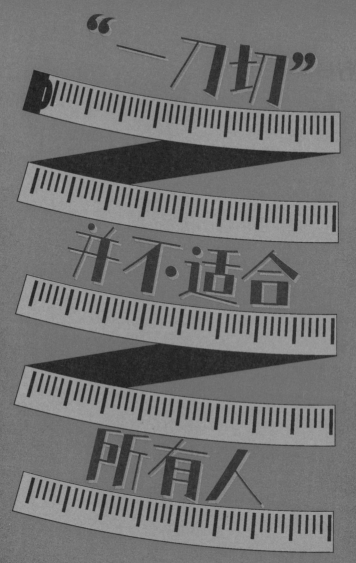

"一刀切"并不·适合所有人

话说回来，这类问题并非只有生活在20世纪80年代英国雷丁的马克和我才会遇到。让人惊掉下巴的是，这个世界依然处处都是为大多数"正常人"打造的、"一刀切"式的计划、尺寸和解决方案。可惜，跟我们当年那套阿迪达斯运动装一样，这些计划、尺寸和解决方案最终几乎在任何人身上都行不通。

再举几个别的例子好了。

飞行员轶事

看看这个例子吧。1926年，美国军方决定秉承"一刀切"原则，为军方战斗机设计一款完美无缺的驾驶员座舱。

美国空军收集了数百位男性飞行员的测量数据（在那个年代，女人当飞行员是难以想象的，因此女性飞行员的数据没有纳入测量范围，真傻啊）。军方测量了这批飞行员的"正常"身高、"正常"臂长、"正常"腿长、"正常"伸手可及范围和其他一些有用的数据，又在上述数据的基础上打造出了"完美"的座舱——配有座椅、头盔、按钮、转向装置、踏板、操纵杆，通通完美匹配着完美体型的飞行员。

"顶呱呱。"
他们心中寻思。

可惜，事与愿违。大家也许已经猜到了，这件事的结局，是我、马克和那套运动装的故事再次上演了一遍。不过，当初美国军方花了很长时间才醒悟过来。

在这批驾驶员座舱设计完毕的二十五年后，美国军方感到很不解：为什么空军飞行员会接连不断地坠机呢？有一次，竟然有十七位飞行员在一天之内坠机。不久以后，美国军方开始反思：也许罪魁祸首就是驾驶员座舱的这种设计吧。

一位名叫吉尔伯特·S.丹尼尔斯的人当时在为美国军方工作，他决心对该事件展开调查。他在四千多名现役飞行员身上采集了十项最相关的数据（例如身高、臂长、胸宽、伸手可及范围等），又在此基础上测算出所谓"普通"飞行员的十则标准（例如完美的臂长，普遍水平的伸手可及范围、标准身高等）。到这一步，仅仅还只是重复前人的工作。

不过，吉尔伯特多迈出了一步。他决定察看一下四千多名飞行员中究竟有几位算得上"正常"。在美国军方的预期中，飞行员们理应满足"正常"的标准。有什么理由不满足呢？毕竟，军方招募的是非常优秀的飞行员，还专门为飞行员们设计了一款完美无缺的座舱呢！

大家猜猜吧，这四千多名飞行员中到底有几位算得上"正常"，有多少人的臂长、胸围和其他各种尺寸匹配得上驾驶员座舱的设计标准。

来吧，猜猜看吧！

人数为零

零光蛋。一个也没有。

飞行员里没有一个十项标准全都匹配驾驶员座舱设计的。

飞行员里没有一个算得上**"正常"**。

当初军方最初设计的那款驾驶员座舱，与之匹配的人数是……**零**！

而这，也正是飞行员一个接一个地坠机的原因。

接下来，是另一个例子……

吃什么补什么？

多年来，人们一直告诉我们五花八门、互相矛盾的饮食法则，告诉我们什么是健康有益的食品，例如"均衡膳食""每天吃上五份果蔬""低脂"之类的说法随处可见，总之让人很难记得全。而当大家说起哪些饮食对"我们"有益的时候，"我们"大体上指的是全人类，换句话说，数量极大的一群人。

实际上，大多数饮食法则都建立在该食品理应对某个"正常人"有益的基础之上，也就是我们每个人理应扮演的"正常人"角色。

事实并非如此。

你知道我们每个人的肠道内有数十万亿个微生物吗？没开玩笑！我们的肠道内有着数量庞大的菌群，帮助食物消化。消化，可是一个复杂的过程；消化会对食物取其精华、去其糟粕，并消灭害处极大的物质。数十万亿个小家伙合力，才能办好消化这件大事呢（1 000 000 000 000——没错，一万亿就有这么多个零）。我们的肚脐下，运行着一整个生态系统。

我明白，太让人眼前一亮了；不然换句话说，至少是让人"腹中翻腾"吧。

可是，重点在于：我们每个人的体内微生物都不一样，其中有些确实相同，但其他

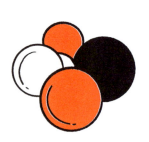

部分（数量也许高达二十万亿——可想而知嘛，那些小家伙的个数非常难数得清）则人人皆有不同。我们身上的某些微生物在别人身上找不到，算是一种（十分黏糊的）肠道身份证吧。

　　事实证明，这一点影响很大。因为我们每个人都各有不同，因此我们每个人都可能会以不同的方式消化不同的食物。所以，拿所谓"正常人"的标准去套我们每个人的饮食习惯，恐怕是行不通的。我们跟所谓"正常人"模板有着数万亿种（细菌）差别呢，千真万确！

　　用不了多久，世上就会诞生为你量身定制饮食方案的技术了，它将会查明：比起西蓝花，你体内的数万亿微生物是不是更易消化胡萝卜；比起培根，是不是更易消化金枪鱼。你就会得知你体内的微生物是不是讨厌牛奶，假如它们不喜欢牛奶的话，你在学校或喝麦片粥遇上牛奶的时候，你就知道自己该说"不"。

　　拜托，再别弄些跟任何人都不搭的"一刀切"方案了吧。

提醒一下：切勿以此为理由，一口咬定你是地球上唯一只能靠冰激凌和糖果过活的人。也许你并不是。抱歉，世上或许并没有这种幸运儿吧。

这让你思考，
对吧？

几个世纪以来，人们制定了一套又一套针对"正常人"的方案和建议；可惜作为个体，那些方案在我们身上也许根本行不通。

"正常"的历史

话说，"正常"这个概念，究竟是从什么地方冒出来的？毕竟，它并不是开天辟地时就有的。

实际上，"正常"是人们编造出来的概念，而且才新造出来不久。

19世纪，有一位名叫奎特雷的比利时天文学家（假如想要大声念出这位天文学家的名字，你可以参照"概率论"）。谁知道当时正赶上一场革命，奎特雷不得不搁置了天文学，转而把目光投向了比利时正在开展的人口普查。

为了人口普查，官方采集了五花八门的信息，比如每年的出生人数、死亡人数、结婚人数等。奎特雷冒出了一个想法：既然正在广泛采集这种数据，他可以借此查明人们得了哪些病、身高有多高、从事些什么工作，甚至买了些什么东西。

奎特雷不仅从比利时人口普查中获取了许多信息，也从其他一些正在采集数据的国家获取了信息。他开始计算某些数据，例如苏格兰男性的平均胸围（很显然，这在19世纪属于至关紧要的信息）；紧接着，他转攻其他数据，例如平均体重（就这项数据而言，他计算的范围可就不仅限于苏格兰男性了）、平均身高和平均结婚年龄等。总之，他计算出了一系列平均值。

奎特雷属于最早一批试图使用数学与平均值来定义"正常人"群体的人——这个途径也并非没有可取之处。在奎特雷看来，"一刀切"式处理或许会让事情更简单。有些时候，事实确实如此。可惜的是，"一刀切"也意味着，具体到个人的话，跟我们每个人都不太合适，就想想我跟马克的那套运动装吧。

　　然而，除此之外还有一道难题，一道更加棘手的难题，那就是：奎特雷对待"正常人"的看法。

　　瞧，他开始对出自自己之手的这个"正常人"概念近乎顶礼膜拜。奎特雷如同堕入了爱河，爱上了"正常"。

　　他相信自己发掘出了完美的"人"：一个有着正常身高、正常体重，并在正常年龄结婚、生育出正常数量的子女的人。在奎特雷眼中，这个"正常人"堪称最为接近完美典范的人了。

你发现问题出在哪里了吧？

奎特雷觉得，要是有人与他计算出的"正常人"模板略有出入，这个人就有不足之处，不够完美，身上势必有刺可挑。

他提出这样一种看法：假如某人不属于"正常"范围，这个人就不够优秀，不算完美。

**自此之后，
人们就开始操心起了
自己不够"完美"、
不够"正常"之类的问题。
我们转而一心想要当个普通人，
不然就一心想要随大流。**

这道难题让人极为头痛，也算是人们作茧自缚吧。原因在于（希望各位已经心里有数啦）：世上其实找不出奎特雷所定义的"正常人"。

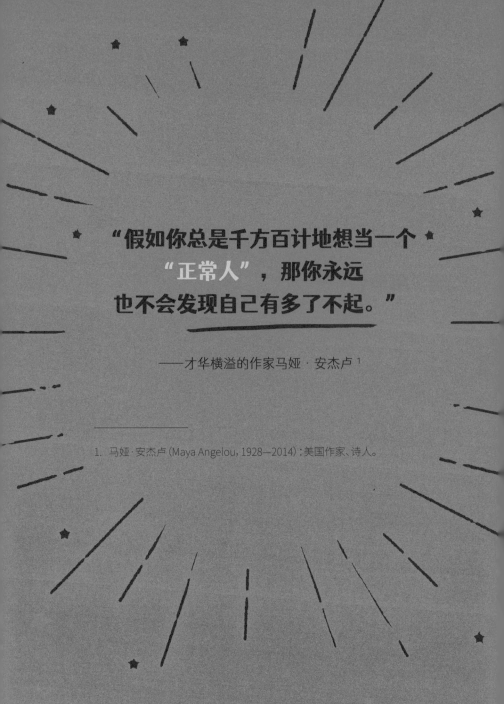

"假如你总是千方百计地想当一个"正常人"，那你永远也不会发现自己有多了不起。"

——才华横溢的作家马娅·安杰卢 [1]

1. 马娅·安杰卢 (Maya Angelou, 1928—2014)：美国作家、诗人。

再说回我们"不随大流"的未来，那又如何呢？

说说好消息：我们正缓慢却坚定地将"一刀切"途径抛到一边，我们正敞开心胸地拥抱着自身与众不同之处。将来的日子里，我们应该不必那么担心怎样去随大流了吧。

其实，绝佳的例证早已经出现……

 用适合你的方式学习

耶，好不容易说到这里啦！我真不明白人们为什么花了好久好久才弄清楚，不过大家总算回过神来了：每个人学习的途径都各有不同。人人都有学习的能力，但我们每个人学习的方法又各不相同。本杰明·布鲁姆[1]在二十世纪五六十年代于芝加哥大学开展的研究，以及近期由"比尔及梅琳达·盖茨基金会"[2]开展的研究都表明，假如学生能按自己的步调学习，学习效果会更佳。因此，最适合你的学习方法，或许跟某门课上你邻桌的学习方法大不一样。无论你是否属于视觉型学习者，是否有阅读障碍、运动障碍或自闭症，是否最宜在早晨学习，是否所需的学习时间要长一些，世上总有一种方法适合你，你该做的是找出这种方法，并努力遵循。

---

1. 本杰明·布鲁姆（Benjamin Bloom, 1913—1999）：美国当代著名心理学家、教育家。

2. 比尔及梅琳达·盖茨基金会（Bill & Melinda Gates Foundation）：创立于2000年，由比尔·盖茨与梅琳达·盖茨资助。

绝佳的消息则是，各所学校已经越来越擅于帮助学生以最适合其自身的方式来进行学习。

★ 为你量身定制的药方

人们在身体不适时服用的药物，也日益变得越加个性化。意料之中的是（再说一遍，人们为什么花了好久好久才弄清楚这件事呢），假如药物是为你和你的身体量身打造的话，药效就会更佳。人体极度复杂——每个人各有各的激素、脂肪水平、血细胞等，因此，对你的身体细胞最有效的药物，或许对你好朋友的身体细胞起不了太好的药效。

★ 音乐愈发个人化

在过往的岁月里，大家只能听录音带或CD之类的音乐产品（问问你老爸吧）。这些东西既笨重，又贵，还占空间。于是，大家会存下钱来，挑几支自己最爱的乐队，用自己的积蓄买上大约两张专辑，接着一遍又一遍地听。

也就是说，假如你钟爱艾德·希兰[1]和

1.艾德·希兰，即艾德华·克里斯托弗·希兰（Edward Christopher Sheeran, 1991— ）：英国创作歌手、音乐制作人、演员。

泰勒·斯威夫特[1]，又想听《你的样子》[2]和《通通甩掉》[3]的话，你恐怕绕不开同一专辑中那些你并不太喜欢的曲目。与此同时，你或许也听不到太多其他曲目（除非你老爸、老妈有张旧"威猛"[4]乐队专辑，那你可能会时不时地听到他们乐队那支"热带俱乐部"）。只不过，今时不同往日了。今天，音乐流媒体服务可让人们在任何时间收听自己喜爱的任何曲目。你可以创建个人播放列表，列表中存满你最爱的、来自不同艺人的歌曲。这种做法更省钱，你也用不着在闲置卧室里摆上巨大的架子，上面又摆放一大堆录音带。流媒体服务甚至会根据你之前听过的音乐，向你推荐一些可能讨你欢心的新乐队的曲目。

大家应该看得出所讲的主题吧。

未来
是
你的天下。

---

1. 泰勒·斯威夫特 (Taylor Swift, 1989—)：美国创作歌手、音乐制作人、演员、导演。

2. 即 *Shape of you*，又译作《你的身姿》。

3. 即 *Shake It Off*。

4. "威猛"乐队 (Wham)：一支英国男子双人乐队，成立于1979年。

你喜爱的东西，你需要的东西，让你最幸福的东西。

原因在于：你跟世上任何人都……不一样。也就是说，试图"合群"或"跟其他人一样"，是毫无意义的。

一整章快收尾了，我也荣幸地告知大家：当初，我最后还是决定了……

不再

扛着滑板到处逛了。

马克和我也把合买的运动装送人了（送给了我哥——那套运动装偏偏跟他很配，真让人火大啊）。

所以说嘛，切勿让你心中的**"怀疑小子"**害你担心自己是不是"正常"。

千万千万不要。

请勇敢
成就真我。

该你上场啦

当"正常"沦为闹剧

请问各位，你们能举出几个关于"正常"的闹剧吗？

比如你的生活中，有没有哪里在用**"一刀切"**的方案？

想想你的学校、周边各家商店，不然也想想本地的体育俱乐部吧。

"一刀切"的方案究竟为什么行不通？

让我先举一例好了。我念小学的时候，学校里的椅子通通都是一个尺寸。刚进校门的小可怜们不得不坐在大得不得了的座位上，两只脚简直连地板都碰不到。但那些即将毕业的学生却惨兮兮地直贴着地，膝盖简直都快顶到耳朵了。学校的座椅本应该适配全体学生，可惜的是，其实谁坐着都不舒服。

"与众不同"

——让人脱颖而出
的绝招

第三章 "与众不同"——让人脱颖而出的绝招

那支球队算不上有多厉害，只不过，它毕竟是离我们最近的一家俱乐部，更别提我们还存钱买了门票呢。艾玛甚至把她的手表（绝对属于潮款）租给了我们班上某个女生整整一周，就为了赚点外快，以便在球赛当天花。我们已经眼巴巴地盼着球赛好几周了。

周六下午姗姗来迟，我们俩也整装待发。依我看，大家统一戴着棒球帽显得有点过火，可是艾玛死不松口。她一口咬定，我们看上去很有粉丝派头，再说了，她已经花了整整两周时间来百般摆弄她的那顶棒球帽，好让它在自己头上显得更漂亮一些。

有生以来第一次，我和艾玛即将观看雷丁联队的球赛。我们两个人之前都没有看过职业球队的球赛，但我们已经盼了好多年。今天必定妙不可言吧。我老爸把我们送到了赛场，可惜我们买不起三张门票，因此他准备在场馆外的停车场用收音机收听球赛——假如收音机信号够好的话。我老爸总爱盯着各种小便宜不放，一个月前，他把车（也就是车身涂着"萨伊德兄弟"的那辆）送去了一家有点猫腻的洗车店。自那以后，汽车引擎就一直发出十分诡异的响声，而且吧，只有把那辆车朝北停的时候，收音机才能收到信号。

言归正题吧，艾玛和我到了一个货真价实的棒球场。我们两人为到底是喝"可乐"，还是喝"激浪"碳酸饮料吵了几句以后（结果我们发觉，把艾玛的手表租出去拿到的那笔钱，哪样饮料也买不起——场馆里的饮料贵得要命），球赛也即将开场。

事情是在球赛开场十分钟左右时发生的。刚开始的时候，我并没有回过神，毕竟一开始风平浪静，我一心认定人们是在为球队唱歌呢。棒球赛上就会有人嬉闹，不对吗？球迷们会编一些根本不押韵的曲子，来编派对手球队的球员；不然就借用《马戏之王》之类歌舞片里的曲子，自己编点词来给拥护的球队打气。我差点儿就跟他们一起开口唱了起来了。

谁知道，周围的歌声越来越响，我终于回过了神，一点点回过了神。人们的歌里唱的不是球队——歌里唱的是我。

我老爸来自巴基斯坦，因此我跟他一样肤色很深。在球场上那一瞬间之前，在那场我多年梦寐以求的球赛之前，我从来没有把这件事放在心上。可是在球场里，周围的一些人开口唱起了歌，一支不堪入耳的歌。歌词我就不提了，说出来应该会吓你一跳吧。总之歌词大意是说，我的相貌跟大家不一样，因此我不该出现在这场球赛里。

我感觉好丢脸，眼神都不知道该放到哪里。我觉得颜面扫地，谁让我的朋友艾玛不得不听这些人唱歌编派我呢？要是她觉得那些人没说错，那怎么办？要是她不再认定我是她的好朋友，那怎么办？突然之间，我很庆幸她非要我戴棒球帽，于是，我千方百计地把自己的帽子拉低，以便遮住脸——能拉多低，就拉多低。艾玛和我在中场休息的时候就离场了。

在那场球赛期间，我并没有哭。可当天晚上，我掉了眼泪。我想不通，我的肤色明明是件芝麻大点的小事，人们为什么要这么刻薄呢？毕竟，抛开肤色，我的内心依然是那个我。

不过，**"怀疑小子"**那天可幸灾乐祸得很。实际上，那天**"怀疑小子"**简直兴高采烈，先是兴奋地看着我越来越不安，接着又害我担心自己无法合群。于是，我再也没有去看过球赛，许多许多年没有去过。我实在迈不开两条腿。再说了，我还时常记得那一刻。人们有时候问我："你会支持哪支球队啊？"我只好说，哪支我也不挺。当初那一瞬间，我感觉自己并不属于球赛赛场，所以我没办法力挺一支球队。

那一幕已经过去很久了。世风已经起了变化，依我看（我也希望），当今的人们会心里有数，不会再开口唱那类不堪入耳的歌。不过，体育馆的那一幕倒教会了我不合群是一种什么感受——也就是说，"与众不同"究竟是一种什么感觉。当你在群体中没有归属感，究竟是一种什么感觉。感觉很不妙。

让你感觉自己与众人不同的原因，其实并不重要。原因也许跟我一样，在于你的肤色；也有可能，原因在于你的发色，或者在于喜欢男孩甚于女孩，或者在于喜欢女孩甚于男孩，或者在于痴迷国际象棋而不爱跳舞，或者在于偏爱数学胜过指甲油，或者在于患有多动症，或者在于母亲需要你照顾，或者在于你见不

着你老爸，或者在于你没有人人都有的运动鞋。这份清单我可以一条接一条地一直写下去，说真的，不骗你。

不过，假如我能向你展示一下，"与众不同"到底有多重要呢？假如我能向你展示一下，"与众不同"的人们有着哪些绝佳的创意呢？假如我能向你展示一下，"与众不同"可能会助益你的成功之路呢？

听起来让人精神一振，对不对？至少，它会让我们先把**"怀疑小子"**的话放一放，三思而后行。

好，那就接着说。

大家认得出以下几家公司吧？

没错，通通都是"巨无霸"公司，都是每年会赚数十亿英镑的公司。除此之外，这些公司还有什么共同点？我们不如再细细地研究一下。

46

★ 谷歌与谢尔盖·布林[1]

谢尔盖·布林，谷歌创始人之一（我刚刚才用谷歌搜索了"谢尔盖·布林"，是不是听上去有点怪？用谷歌搜索谷歌的创始人？我感觉仿佛于冥冥中贯穿了时空）。他的全名叫作谢尔盖·米哈伊洛维奇·布林，出生于苏联，曾在巴黎和奥地利生活，六岁的时候移居美国。在大学期间，他结识了拉里·佩奇，并一同创建了谷歌。

★ 百事公司与英德拉·努伊[2]

英德拉·努伊，出生于印度金奈。在她长大成人期间，英德拉·努伊的家人说的是泰米尔语，而她把闲暇时间花在打板球上，还在一支女子摇滚乐队里演出。后来她搬至美国，进入一所名牌大学——耶鲁大学——攻读学业。毕业的时候，英德拉·努伊手头十分拮据，只好穿着印度纱丽[3]前去面试，谁让她买不起本来该穿的西装呢。不久之前，英德拉·努伊才刚刚卸任百事公司首席执行官的职位（也就是公司的掌舵人）。虽然百事公司并不是由她一手创建的，但该公司诸多极其辉煌的成就都是因德拉·努伊的功劳（例如购进健康食品品牌）。在她执掌百事公司的十二年间，该公司的销售额足足增长了百分之八十。

---

1. 谢尔盖·布林（Sergey Brin, 1973— ）：美籍计算机科学家与企业家，与拉里·佩奇合作创建谷歌。

2. 英德拉·努伊（Indra Nooyi, 1955— ）又译卢英德，百事公司首位亚裔女首席执行官。

3. 印度等国妇女的一种传统服饰。

★ 雅虎与杨致远

杰瑞·杨创建了一家互联网巨头——雅虎。在中国台湾出生时，他的名字叫作杨致远；可十岁移居美国时，他改名叫作杰瑞。他的父亲已经去世，他的母亲搬到了加利福尼亚，以便在她工作期间，帮忙照顾两个儿子。

据说，
杨致远初抵美国的时候，
只会讲一个英语单词：
"鞋"。

他与大卫·费罗一道创建了雅虎。

大家看出这几个例子之间的联系了吗？没错，上文中几位成就非凡的商界人士都不是在美国出生的，他们是移民，在其他国家生活过一段时间以后才搬到了美国。尽管上文只举了几例，但类似的情况数不胜数。考夫曼基金会的研究显示，假如你是移民，那你创业的可能性是非移民的两倍。

真的吗? 不是吧? 为什么出生于他国会影响到你是否会在某个朋友的车库里开始编程, 随后创建世界上最大的科技公司之一?

说到底, 根子就在"与众不同"上。

瞧, 移民们有着别样的经历, 成长于别样的文化中, 也许还说着别样的语言, 其父母也许跟移居地国家的普通民众有着不一样的信仰。至关重要的是, 移民们懂得怎样改变现状, 毕竟, 他们不得不改变现状嘛。搬到一个陌生的国度, 却只会说"鞋"这么一个词, 日子恐怕并不轻松 (真该有人问一下杨致远, 当初他学的唯一的英文单词, 为什么不是"你好")。你必须有能力快速地学习、适应、随机应变。

而这些技能, 正像好几块通向"成功"的敲门砖。移民们在世界各地迁居, 因此获得了改变现状的经验; 由于他们的父母和家人来自世界各地, 而他们跟着父母和家人辗转各地, 因此有着许多"与众不同"的想法。

难怪移民们擅于创新呢。

(((统计数据来了!)))

美国创业中心于2017年开展的一项研究显示,美国排名前三十五位的公司中,超过一半是由移民或者移民子女创建的。假如把范围扩大到美国五百强企业,该数据则是百分之四十三,比例惊人啊!况且,移民人口仅占美国总人口的百分之十四左右。

他们真是成就非凡啊!

另外,你知道吗?假如某人患有阅读障碍的话,就更有可能成为一个创业者。没错,你没听错。听说过理查德·布兰森、休格勋爵、英格瓦·坎普拉德(此人创办了一个"丁点小"的公司,名叫宜家)或杰米·奥利佛的名字吗?这些人全都患有阅读障碍。事实证明,患有阅读障碍,让人更有可能拓展出某些技能,而这些技能非常有助于顺利地运营大公司、雇上很多人为你打工,上述技能就包括口才好、擅于创造性思维、信任他人为你分担事务等。

说真的……

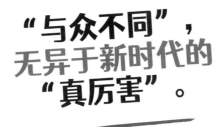

"与众不同",
无异于新时代的
"真厉害"。

好，我感觉已经猜到你们中某些人要问什么了。

可是，假如我并非出生在千里之外的某地呢！假如我就是在本地出生、本地居住呢？这又代表着什么？那我是不是会因为不够差异化而没有办法成功呢？我可没有必要换个国家去学习一种不同的沟通方式，或者把名字改成"杰瑞"之类的经历。

好吧，真是个大反转！我们大家竟然兜了一个大圈——此前，我们担忧的是自己跟别人不一样；现在，我们又担心起了

自己
不够"与众不同"。

不过，不要担心。我们每个人，其实都非常"与众不同"。

你知道吗？

　　我们每个人身上的皮肤每隔几星期就会更新一回。显而易见的是，人体每小时会脱落六十万粒皮屑。我们大家必定是活在其他人脱下的团团皮屑中吧。因此，你在学校的时候，要想好你该挨着谁坐！人体的皮肤细胞每两到三周左右更新一回，也就是说，此刻你身上的皮肤已经不是三星期前的那一身了。

那我们跟其他人又有多不一样？事实证明，简直大相径庭：

○ 大家都知道，每个人的指纹是独一无二的。但你是否知道，每个人舌头的纹路也大不一样？切勿偷舔冰箱里的冰激凌哦，因为所有人都会发觉是你干的。

○ 当今时代，人们不仅可以用非接触式信用卡买上一根"玛氏"巧克力棒（或者你中意的任何产品），还可以刷脸购买。每个人的外貌都大不一样，因此人们开发出了将个人银行信息与个人脸孔联系起来的技术。结账时要是一不小心眨下眼睛，一套崭新的勺子说不定就会找上你呢！

我们每个人都"与众不同"：我们的外表、喜好、背景、经历都不一样。只要大家拥抱自身"与众不同"之处，不再千方百计地把它们藏起来，我们每个人就都有可取之处。

假如我们能够利用自身"与众不同"之处，并将其转化为优势，我们将变得锐不可当，说不定还能改变世界呢。更棒的是，我们就不会再把精力浪费在假装随大流上，也不会在因从众而失败的时候灰心丧气了。

不如把下图想象成此刻的你，从这个角度去思考一下吧：

这代表你。

圆圈的大小代表你目前掌握的知识。

当你训练技能、学习新知时，圆圈会变大。

这代表几年后的你。你已经学到了更多知识，因此圆圈变大了。

这些代表跟你同校的酷仔、酷妹。

佐伊： 她是个"万事通"。

杰登： 他也是个"万事通"，但他的知识圈跟佐伊很重叠。多年来，他一直在照着佐伊学。

普丽娅： 她也算得上是个"万事通"吧，可惜她的知识圈跟佐伊和莉莉的很重叠。她一直在照着佐伊和莉莉学。

莉莉： 她所知道的事佐伊没一件不知道，毕竟莉莉是佐伊的邻座嘛。她们俩一天到晚在聊天。莉莉想要变成佐伊的翻版，她也一直在模仿普丽娅，因此她的知识圈完全落在佐伊的知识圈中。

好，请大家把下文的圆圈想象成世上所有绝妙创意、发明和伟大突破的源泉吧。我们可以把它命名为——

美好
创意
的世界

接下来，我们要把酷仔、酷妹们放到"美好创意的世界"中。

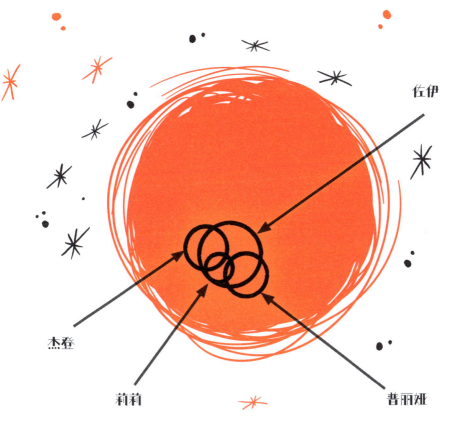

好，酷仔、酷妹们显然还是有料的，毕竟，世上谁没有些美好创意呢。可惜的是，因为他们花了好些时间来千方百计地翻版彼此，就为了自己能够合群，因此他们变成了彼此的**克隆人。**

莉莉提不出任何佐伊提不来的观点，可怜的莉莉呀。莉莉觉得自己酷得不得了，因为她在照着佐伊学，但事实上，她自己寻求新思路办事的能力却多多少少地被削弱了。世界在她眼中就不太可能变通，她也不太可能尝试开辟自己的路。原因在于，毕竟她恨不得自己的人生轨迹跟佐伊一模一样，也跟普丽娅差不了太多。

因此，请你问自己一个问题吧：在"美好创意的世界"中，你希望自己处在什么位置？

选项 1

在选项1中，你属于酷仔、酷妹中的一员，可你并没有多少自己的新见解。在选项2中，你对自己的"与众不同"之处感到**自豪，**而你正从这件事中获益。基于你所拥有的"与众不同"的背景，你有着许多很有意思的新观点。原因在于，你的喜好、看问题的角度、家庭都跟大家不一样，所以你有着跟大家不一样的经历。

选项2

    一方面，酷仔、酷妹们想法趋同；另一方面，在选项2中，你则是那个有可能提出不同见解并随之改变世界的人。

    试想一下，假如你要为某个班级项目组一个队，小队成员将由选项2图里最具创造力的学生组成。你肯定会挑中你自己和佐伊，对不对？图中其他所有学生的观点几乎跟佐伊一模一样，因此他们在团队中可有可无。

实际上，最为理想、最完美、最具创意的团队看上去也许跟下图差不多：

在这幅图中，"美好创意的世界"差不多处处都是拥有"与众不同"见解的人。若论解决问题，这个团队将会十分厉害，因为团队成员能够提供许多有创意的解决方案。大家不是彼此的克隆人，不是照抄别人的跟屁虫。团队里的成员也许喜爱不同食品，背景、观点各异，思想多样。团队成员为自身"与众不同"之处感到自豪，并懂得不一样的思维方式为何如此重要。

你知道吗？

思爱普是一家巨型全球科技公司。用到"巨型"一词，指的是该公司规模超大。很显然，全球通过交易流通的资金中，超过四分之三会经由思爱普的某项技术。思爱普公司推出了一项新举措，名叫"自闭症人才项目"，以确保自闭症患者加入该公司的团队。你知道吗？思爱普公司的这项举措并不是出于慈善，他们是一家正正经经、有钱可赚的公司哦。之所以推出这项举措，是因为假如该公司能够找到团队成员来充盈公司"美好创意的世界"，对公司业务就会有助益。思爱普公司发现，自闭症患者通常能以极为有用的独特方式进行思考，这是常人难以做到的。其他机构见证了SAP这项举措所取得的成就，于是开始实施同样的举措——比如微软和美国国家航空航天局。

让你感觉"与众不同"的特质也许数也数不清，但无论是哪种特质，请敞开心胸拥抱它吧。

毕竟，在一个需要妙计良策的世界中，"与众不同"正是你最大的优势。

不随大流的诺贝尔奖

赢得诺贝尔奖是件了不起的事,没错吧? 甚至胜过赢得捷克乒乓球公开赛呢(反正在诺贝尔奖和捷克乒乓球公开赛之间,我只赢过其中一个奖项,至于到底是哪一种,请大家自己猜吧)。

总之,获得诺贝尔奖,是了不起的殊荣,该奖项会颁给对人类做出卓越贡献的人。世上恐怕再没有比诺贝尔奖分量更重的奖项了。诺贝尔奖包括化学奖、物理学奖、生理学或医学奖、文学奖、和平奖、经济学奖,基本上,只有实实在在地改变了世界的人才会获得其中某个奖项。

美国密歇根州立大学的十五位研究人员调查了1901—2005年间诺贝尔各类奖项的所有获奖者,并将获奖者与同时代同领域其他没有获得诺贝尔奖的知名专家进行了比较。

研究结果让人大开眼界。

该研究表明,比起没有获得诺贝尔奖的专家们,诺贝尔奖的获得者更有可能对某个"人文"(也就是艺术、音乐、绘画、诗歌、舞蹈、雕塑等方面)领域有着爱好或兴趣。

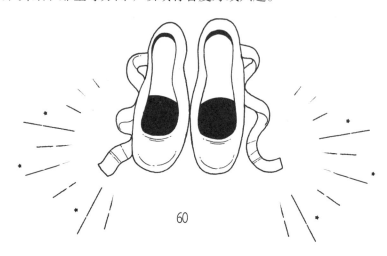

下图展示了他们的研究成果：

获诺贝尔奖的可能性增至2倍

业余爱好演奏乐器或指挥的专家

获诺贝尔奖的可能性增至7.5倍

业余爱好手工艺、木艺、电子设备或吹制玻璃的专家

业余爱好绘画和雕刻的专家

获诺贝尔奖的可能性增至7倍

业余爱好表演、舞蹈或魔术的专家

获诺贝尔奖的可能性增至22倍

业余爱好写诗、戏剧创作或故事创作的专家

获诺贝尔奖的可能性增至12倍

这么说来，要是我拿起一支单簧管，一边涂抹一件木艺制品，一边随着自创的诗歌跳跳舞，那我岂不是离获得诺贝尔奖也不远了？唔，我恐怕得先成为物理学、化学或医学领域的专家，这也许又得先花上一段时间。但话说回来，现在的局面看上去总比十分钟前更有前途了嘛。

不过，这项研究揭示了一个不容忽视的要点。情况为什么会这样？为什么拥有艺术爱好的专家斩获诺贝尔奖的概率更高呢？

恐怕你已经对答案心中有数了。

原因在于：上文那些专家各个"与众不同"。比如，说到富有创意的科学家，他们不会把全部时间都花在跟其他思维方式与自己极度近似的科学家们身上。与此相反，他们另外培养了某些兴趣，从中学习新技能，得出新见解，结识新朋友。他们将上述"局外人"的见解运用到科学工作中，让他们比其他科学家更有可能想出更妙的创意。于是，一方面，"美好创意"问世，改变了人类；另一方面，科学家则赢得了诺贝尔奖。

我有些"与众不同"之处。我是移民的儿子，我老爸一向无惧改变。二十岁时，他住在巴基斯坦；二十二岁时，他住在英国肯特郡。真是翻天覆地的变化啊！他教导我别听那些因我"与众不同"就贬低我的人的话，他教导我努力奋斗、掌握主动、迈向广阔天地、开创自己的路。

你也一样能够办到。

"与众不同"，确实很厉害。

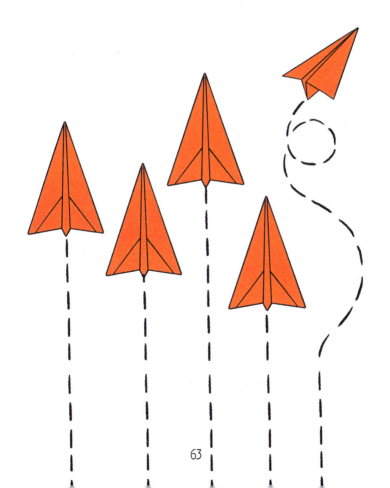

该你上场啦

"与众不同"的优势

请取出一张纸，在纸的最上方写下"我的优势"这几个字。

在这行字下方，列出所有你与其他人不一样的特质。假如你乐意，你还可以写上一长串，能写多长就写多长！

紧挨每一项特质，写下这项不同点在你目前或未来的境遇下会有什么用。

假如你正在查看这份清单，同时又需要一些启发，请试着思考一下：

○ 你能否更加乐于接受新事物与新观点？

○ 你有没有时间容下一项全新爱好，某项你周围的人都不参与的爱好？

第四章 别做"克隆人"

依我看,时机已到。我也许还要花上一分钟来梳理一下思路,不过,我觉得我已经准备妥当,要把我家那辆涂着"萨伊德兄弟"字样的汽车的故事告诉大家了。它是一辆蓝色塔伯特·桑巴汽车,你或许会在心里嘀咕:没什么出奇的地方嘛。

噢,可我是不是已经提过,那辆车的车身碰巧用亮橙色油漆明晃晃地涂着"萨伊德兄弟"几个字?

前文也已经提及,世上并没有什么"正常"可言。我家这辆车正是如此,它绝对算得上独一无二。

事情要从我老爸开车撞上本地公交车站的一刻说起(说实话,我老爸是个很差劲的司机,不过拜托啦,请不要跟他讲是我说的)。开车撞上公交车站可不是经常会遇到的事,我老妈死活也想不通,我老爸为什么会没有留意到那幢两层大楼旁边泊着整整十八辆紫色双层公共汽车。可惜,他偏偏就是没留意。

那天，萨伊德一家的日子不太好过：老爸在发脾气，我家那辆车的车身一侧又多了撞上公交车站留下的凹痕（那车原本就算不上多漂亮）。于是，我家恐怕得买一辆新车了。可惜的是，我家不太买得起——我老爸也正是因此才情绪低落。

唔，我家遇上这道难关的时候（没错，这事确实是道难关，错不了），正赶上我和我哥一心痴迷一个名叫凯文·基冈的足球运动员，迷得不得了。

照搬凯文

凯文超级厉害，棒得顶呱呱，总之是位奇人。我哥和我认定，凯文是我们见过的最杰出的球员。可不只是我哥和我，还有许多人也这么想呢。凯文是英格兰队的队长，踢球非常有拼劲。假如你见到球场上的他，他身上爆发的能量会让你惊掉下巴。凯文简直满场飞! 他进球啦（他进了一个又一个球），他助攻其他球员进球啦，他拦住对方球员进球啦。看上去，凯文仿佛无所不能。

我哥和我恨不得成为凯文的翻版，成为跟凯文分毫不差的人。

很显然，我哥和我正在奋力地练习乒乓球，我们倒是挺爱练球，打得也越来越好。不过，我们也十分痴迷足球，除了我一心想读《霍比特人》的那天（当时"**怀疑小子**"马上就出手掐灭了这个念头），我哥和我一有空就踢足球。我们踢球的时候，我总会摇身变成凯文·基冈——当然啦，是在我的想象中。我甚至在自己的球鞋内侧用永久性记号笔写下了"凯文"的名字，又在我的校服上写下了一个丁点小的"7"（唔，我觉得字号不大，直到我老妈在百米开外发现了它，气得一肚子火）。凯文为英格兰队效力时，他正是"7"号。

我哥和我在家里墙上贴了凯文的海报，恨不得一天到晚在电视上看凯文踢球。于是，到了家里要买新车的时候，我们哥俩也想要凯文那样的座驾。事情正是从这里开始的。

时至今日，我其实也还摸不清凯文·基冈的座驾究竟是哪一款。不过，无须多说，萨伊德家恐怕买不起同样的座驾吧。我老妈在本地超市里上班，老爸在附近的大学里教会计学。坦白讲，我家根本掏不出买辆法拉利或保时捷的钱。不过呢，我哥和我依然千方百计地想要说服老爸，我们家一定要买辆凯文那样的车。我还在学校的某本杂志上看见了一张"豪华轿车"图片，我把它剪了下来，放到老爸床上。看上去，这正是凯文拥有的那种座驾嘛。可我老爸的情绪变得更低落了。

整个事件中，我哥和我都没弄清楚老爸的心情为什么那么差。但回顾往事，我疑心那跟我们哥俩一直念叨凯文的车，以及我们自己家的车快要报废一事脱不了干系……

好，大家不如花上一两分钟，思考一下"凯文事件"吧。乍一看，该事件也许只是一个关于公交车站和痴迷凯文·基冈的搞笑故事（至于好笑不好笑，你说了算）。但在事件背后，却隐藏着我们人类进化方式的科学道理，堪称事关重大。它阐明了我们为什么会这么热衷于照搬他人，又为什么会渴望向名人或我们眼中的成功人士看齐。

这一点至关重要。

你也许会赞同：假如你希望成为一个卓越的足球运动员，那揣摩杰出球员并尽力摸索球员们变得杰出的路径，其实很有用。因此，你说不定也会赞同：照搬凯文的训练态度，竭尽全力地练习，也许不失为一个好主意。除此之外，练习那些凯文已经运用得当的进球技巧，或许也会提高踢球水平。

我哥和我一样也没有放过。我们哥俩真的早早地就开始训练了，并且也真的练习了看凯文踢球时学到的技巧。到这一步为止，事情顺利得很。

可惜啊。

诡异的事情出现了。我们哥俩并没有停下模仿凯文的步伐，这条路似乎压根儿就没有尽头。

作为一个足球巨星，凯文还会在广告中露面，也代言了不少产品。下文列出了他代言的部分产品：

凯文·基冈棒冰（真没开玩笑！）
该款棒冰中间的棒冰棍像极了迷你版的凯文·基冈。

"布吕特"须后水、沐浴露
气味极为浓郁的一系列沐浴产品。

"史密斯"薯片
非常美味。

根德400
一款超级老的收音机，假如你想问的话（我猜你就想问）。

糖泡芙
一款早餐麦片，口味极甜，当初每份含有两块糖。至于凯文到底吃不吃泡芙，那就不得而知了。

问题出在：我们哥俩什么都想要，凯文代言的产品全想要，一个不漏。

我老爸不肯给我们买那款收音机，声称它实在太贵了。不过，我哥和我好歹劝动了老妈，她容许我们在周六吃糖泡芙。另外，每次我们一发现凯文·基冈棒冰在打折，我哥和我就会比一比，瞧瞧谁可以先把棒冰吃光，吃到凯文·基冈形状的棒冰棍。"布吕特"系列产品则是另一回事了。我哥搭公共汽车特意赶去了镇上的"博姿"药妆店，花了整整六个月的零用钱买了某款"布吕特"须后水。当时，我哥不仅根本还没有胡子可刮，也说不清到底该把须后水朝哪里喷。

此外，凯文还发布过一首歌，名叫《沉醉爱河》。我们家没有凯文代言的"根德400"收音机，也就不能随心所欲地经常收听这首歌，虽然我们哥俩深感失落，却依然记住了整首歌的歌词。

我哥和我当时是
没动一点脑子吗？

我们哥俩究竟为什么要如此执着？为什么吃个带有凯文形状棒冰棍的棒冰或拥有一款"根德400"收音机，会让我们哥俩球技飙升？明明不会嘛。为什么朝身上某处喷上一款浓得呛人的香水（我哥和我还说不清该朝哪里喷），同时唱一支不太动听的情歌，会让我们猛然间成为进球高手？明明不会嘛。

我们哥俩盼着拥有凯文的本领。于是，我们盼着拥有跟他沾边儿的任何东西。好多好多年都是如此！

可是，原因何在呢？

科学小知识一则

约瑟夫·亨利希是哈佛大学的教授（假如要在美国读书，哈佛大学是个绝佳的去处），他对以上种种现象提出了一种观点。依我看，我们大家理应认真考虑一下他的学说。亨利希教授认为，人类倾向于**过度模仿**或**过度效法**自身眼中的成功人士。

瞧，人们年纪尚轻时，会通过效仿成年人或年龄较大的孩子进行学习。可亨利希教授认为，人们希望掌握某种技能时，与其花非常长的时间弄明白究竟应该向人效仿哪些环节，不如照搬对方的一切来得更轻松一些。

说来说去，人类毕竟十分复杂，假如必须先弄明白究竟该模仿哪些环节，那人们学到任何东西所需要的时间会很长很长。于是，人们会过度效法，全盘照抄。这样一来，我们就认为自己一点都没有漏，并且百分之百会搞定希望学到的任何东西。

举个例子吧。假设你是一个两岁幼童，想要学一学怎么用勺子。你见过妈妈和姐姐用勺子，可你不清楚哪些技能才能让她们从酸奶罐里舀出酸奶，又顺顺利利地放进嘴里。你，作为一个两岁幼童，偏偏能把酸奶洒得到处都是。那么，你会怎么办呢？

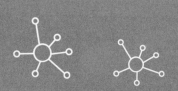

在亨利希教授看来，你不会花好一阵子琢磨你妈妈的哪些举动让她将勺子运用自如，而会照搬她所做的一切。因为假如你样样照搬，最终你还是会学到正确的动作，你平衡勺子/酸奶/嘴巴的技能也会渐趋提高，而不是落到你经常落到的境地，吃完午餐后把酸奶糊得脸上、眼睛上和椅子上到处都是。

不过，决定样样照搬，也意味着你会开始模仿好些压根与使用勺子没有关系的举动。你也许会照搬你妈妈拿勺子的动作（属于有用的动作，因为它跟勺子有关），也有可能照搬她的笑容（跟勺子无关）、说话的语气（跟勺子无关），甚至会偷她的唇膏，千方百计地像她那样涂一涂（跟勺子无关）。到了最后，你也有可能照搬妈妈将勺子朝嘴里放的动作（属于有用的动作，无疑跟勺子有关）。

瞧，你照搬了妈妈所做的一切，到了最后，你模仿了所有正确的动作，提高了使用勺子的技能——但与此同时，你也模仿了好些别的举动。

人类过度模仿的本能，
是一种强大的本能。
它会帮助人们学习，可它也意味着，
人们终将模仿好些
对我们毫无用处的行为。

74

这正是发生在我、我哥与凯文·基冈之间的纠葛。我们兄弟俩在照搬某些让凯文成为足球高手的行为时（例如凯文的训练与球技），也在效仿我们认定凯文会喷的那款须后水、会吃的那款早餐麦片，还有他会听的那款收音机。

靠模仿进行学习是种妙策，但等到人们年纪稍长一些，过度模仿的用处，却有点像你本来无须刮胡子，却偏偏要用须后水。这一点，也正是各公司纷纷邀请名人来为公司产品代言的缘由。

你知道代言百事公司让碧昂丝进账数千万美元吗？碧昂丝是位了不起的艺人，因此人们希望向她看齐，也就不足为奇了。碧昂丝的粉丝效仿她的辛勤投入时，他们也许会挑一些歌唱课程——不过，也有可能，他们会过度模仿，开始购买一罐又一罐"百事可乐"，谁让电视广告声称碧昂丝中意"百事可乐"呢。

话说回来，喝上一罐"百事可乐"，是让碧昂丝跻身世界顶尖艺人的绝招吗？可能性极小。所以，假如你真心希望成为格拉斯顿伯里音乐节的下一位焦点人物，喝"百事可乐"会有助益吗？可能性极小。可是，我们依然会过度模仿，从而买了"百事可乐"。因为，我们对于模仿都有一股狂热劲嘛。

我们其实并不总是要故意过度模仿，许多疯狂的模仿行为都是无意识的，我们甚至根本不会察觉。不过，既然现在人们已经察觉到这种现象，我们就可以留心关注，并加以改善。或许，我们真的应该质疑一下我们究竟在模仿谁；更重要的是，质疑一下我们究竟正在模仿对方的哪些特质。

我们究竟在模仿谁？

努力效仿你真心钦佩的人物，是合乎常理的。效仿马拉拉[1]的满腔勇气，是很明智的举动。至于效仿马拉拉挑中的鞋款、健身日程，以及是否素食——那恐怕算不上有多明智，也许没办法让

1. 2014年诺贝尔和平奖获得者。

你摇身变成推动世界和平的国际大使。

假如想要弹吉他，效仿艾德·希兰倾力练习吉他，倒是个妙招。不过，花上天文数字般的一大笔钱买件跟他同款的名牌格子衬衣呢？恐怕不是个好主意，或许对音乐技能并没有多少助益。

既然大家已经明白人类趋向于过度模仿，我们不如歇一歇吧。歇一歇，认真反思反思我们在电视、社交媒体，甚至学校里模仿的那些对象。瞧，这类过度模仿让我们也想照着学校里的酷仔、酷妹学，学他们的行为穿着。我们把他们当作了成功人士。毕竟人家很酷，所以必是成功人士，对吧？所以，我们应该照搬对方的一切？错。因此，等到下次"怀疑小子"对你露出冷笑，害你焦虑自己没有最新款的智能手机，或是自己的运动鞋不如大家的鞋酷时，请好好考虑一下到底是怎么回事。这些东西真能帮你实现自己的目标吗？

请做你自己吧。请效仿你钦佩的对象身上可能对你有益的那些特质吧，比如善良、勤奋、勇敢。

假如你效仿的偏偏是其他东西，比如对你的成功不起作用、你并不真心相信的东西，以及你根本就不喜爱的东西，那就请你质疑一下自己吧。拜托，切勿试图（过度）模仿他人的人生。

好啦，依我看，还是把我家买新车的故事讲完好了……

某个周六的早晨，我老爸出门去取车了。我们两兄弟要踢一场学校足球比赛，老爸说他待会儿开车来接我们。我哥和我认定，我们会一路风光地乘车回家，活像凯文赛后乘车归来。

结果呢，我差点惊掉了下巴。

等到我老爸开车抵达的时候，我们两兄弟简直难以置信。我写下这段文字时，依然能感觉到后背一阵阵发凉。那辆车只有一丁点小，丝毫也不像凯文的座驾（或者换句话说，是我们兄弟俩想象中的凯文座驾），车上涂写着"萨伊德兄弟"几个巨大的亮橙色字样，两侧车身都有。

我老爸自豪极了，认定自己捡了个天大的便宜。我老爸爱死便宜货了！不知怎的，他竟然说服汽车修理厂少收了费用，权当作广告。他告诉对方，他的儿子是全国乒乓球冠军，还千方百计地说服了推销员——要是大家发现萨伊德一家在该汽车展示厅里消费，雷丁的民众就会蜂拥而至，跟随萨伊德一家买该店的车呢。

很显然，根本没有谁蜂拥而至来效法买我家那辆同款车。

也没有谁赶来效法萨伊德两兄弟。这一点，或许正是我老爸只说服商家给一辆塔伯特·桑巴打了个小折扣的原因（这跟从百事公司赚到数千万美元的碧昂丝不一样）。

不过，车就在眼前，人人都看得见，接下来的

整整

七年

都在。

该你上场啦

克隆人之战

○　想出一个你欣赏的人，可以是某个名人，可以是你的某个家人，也可以是某个学校同学。

○　写下该人物身上你或许想要模仿的所有东西（比如这个人的勤奋劲头、训练日程、乐于助人的善心，或是这个人的唇膏、运动鞋）。

○　好，再问一下你自己吧：在上述内容中，哪些可以真正帮你实现自己的目标？

你身上，**我欣赏的**一点是……

第五章 做个"好奇鬼"

哇哦，本书已经涵盖了不少内容啦。你已经明白，"一刀切"无疑并不适用于所有人，因为人人都独一无二。你已经明白，你的"与众不同"之处，恰恰是你最突出的优势。再说了，你对我家那辆车的故事和过度模仿也已经了如指掌。

因此，我希望等你下次见到或听到你心中的**"怀疑小子"**时，你已经感觉更有底气一些了。不过，本书还没有喊停！绝对没有。我们还有许多许多计策可以用来赶走**"怀疑小子"**。

因此，无须再等了，开讲吧。

我得先跟你讲讲，我得到第一份工作时的情形。其实是我的第二份工。我真正的第一份工历时不长，下场很惨，牵涉到帮我老妈的某位朋友搬家，以及一只被摔碎的瓷鹦鹉。总之一句话，自那以后，我就再也没有投身过搬家业务了。

好，言归正题。

当时我打乒乓球已经好些年了，可我开始意识到，我那作为世界排名第二十位的乒乓球运动员的职业生涯，恐怕总有结束的一刻。我的年龄越来越大，腿脚也不像从前一样快如闪电了。确实有些让人失落，但对这种情况我已经心知肚明。不过呢，想办法弄明白我的余生要做什么，依然是件让我恐惧的事。

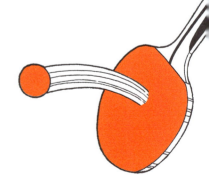

我的另一项绝佳职业规划，则牵涉到凯文·基冈，我希望跟他一道踢球。可惜的是，凯文的腿脚也不像从前一样快如闪电了，他也已经不再踢球了。因此看上去，当运动员这条路，似乎已经走不通了。

话说回来，我倒是十分喜爱写作。其实吧，我一心痴迷写作。我给本地报纸投过几篇短文：说不定我的下份工作多多少少有机会以撰稿为生呢！然而，**"怀疑小子"**这时再度现身，而我却把"计划书"忘了个精光（还记得上文提到过的"计划书"吗？也就是**"勇敢做自己"**之宣言）。我开始听信脑海中回响的某些话语，比如：

你是个没写过文章的原乒乓球运动员，世上真会有人愿意读你写的文章吗？再说了，我又哪来的脸面致电人家报纸编辑，问人家能否给我一份差事呢？我究竟该跟对方说些什么话？

于是，我把这个念头抛到了脑后。我搁置了当撰稿人的梦想，找了一份办公室差事。

请不要误会，那份白领的工作其实很不赖，是许多人渴求的工作，得到它是我的福气。工作地点在伦敦市中心的一家大银行，银行有旋转门，入口处有一座银色喷泉，喷泉里还有活生生的鱼。对方居然真的雇了我去上班，简直让我难以置信（**"怀疑小子"**又露面啦）。

我的乒乓球教练说这份工作是"毕生难逢的机遇"。我老爸一遍遍地跟我讲，那家银行可是"有头有脸的厉害角色"上班的地方。

在我哥眼里，我们则算是一举"功成名就"。薪水可观，他认定这份工作会"让我们变成富豪"。我说不准这份工作关"我们"什么事，因为我哥显然又不会去替我干活。不过呢，我依然很开心，毕竟他似乎为我感到无比自豪（破天荒的头一次啊）。

在所有人看来，这份工作无疑是件天大的好事，但我除外。我并不想接这份差事。我尽力地尝试了，可惜它不像打乒乓球那样让我怀有干劲。不过，我终究还是决定接下，我不愿意让大家失望嘛。可我忘记了一点：我本该做出适宜自己的选择。

**我把自己的
"计划书"
忘到了脑后。**

等到入职银行以后，我倒没有见到一大群所谓"有头有脸"的人物，却见到不少人在貌似真心喜爱的岗位上非常辛勤地工作。

可惜，我并不像他们一样热爱金融业。

在银行工作了一段时间后，我终于又记起了自己的**"计划书"**。我鼓足勇气，打了个电话给我老爸，告诉他银行的职位跟我不搭。

我说，我已经竭尽全力，可心里终究明白不对路。

打电话的时候，我有点担心。我以为老爸会训我，说我是扶不上墙的烂泥；我以为老爸会很火大，谁让我要推掉一份能让我变成百万富翁的工作呢。

谁知道，我老爸并没有这么做，而是鼓励我去追求自己的梦想。于是，我一去再也没有回头。

不如容我先歇上一口气，稍后再继续讲工作的事吧。因为我打电话给我老爸那天出了一件大事。依我看，当你想要勇敢地做自己的时候，它能帮你摸索出自己的路。

- 当时我质疑那个职位是否**适合我**。
- 当时我质疑世上是否还有**更适合我**的工作。
- 当时我质疑自己能否**做出改变**。

事实证明，有信心质疑你周遭正在发生的事情，再加上有能力在变化发生时随机应变，会成为展望未来时你能拥有的两个最关键的技能。

做好改变的准备吧

你或许已经发觉，我们周遭的世界正在改变。变化又多、又快！某些人认为：当下正以人类历史上最快的速度经历着变革。每一天、每一刻，新技术都在不停地涌现。摁下一个按钮，我们就能联络数以百万计的人，我们还可以接触到自己能想到的任何主题的信息。

你知道吗？

- 收音机问世后，听众数量从零升至五千万，花了三十八年。电视问世后，观众数量从零升至五千万，花了十三年。互联网用户数量从零升至五千万，花了四年；脸书用户数量从零升至五千万，花了不到两年；《宝可梦走！》则只花了十九天。

- 每天在谷歌上进行的搜索高达五十六亿次，是二十年前的两百多倍。再说了（简直让人难以置信），人类可还经历过没谷歌的时代呢，当初人类究竟是怎么查信息的？

- 药丸大小的微型相机已经问世。那种微型相机可以被人吞下，随后在体内进行拍摄，让医生看清病患五脏六腑内的状况（你肠道内的数万亿微生物或许因此会在社交媒体上占有一席之地！唔）。

- 英国宇航署宣布计划推出一款飞机，只需一个小时即可将乘客从伦敦送至纽约，只需四个小时即可将乘客送至澳大利亚。你真的可以先去澳大利亚邦迪海滩吃午餐，接着还来得及赶回英国家里吃晚餐！

- 英国维珍银河公司准备把该公司第一批游客送入太空。这是宣告人类将开始在火星度假吗？

除此之外，人类也已经开始打造机器人了，不是科幻影片中那种对人类到处大开杀戒的机器人，而是可以实打实地派上用场的机器人。你说不定就用过呢，例如亚马逊公司的智能助理Alexa，它会讲笑话，会帮你下单购物，还会告诉你下周三的天气怎么样。

(((趣味小知识来啦)))

你知道亚马逊为什么给自家公司的智能助理取名叫作Alexa吗？因为亚马逊希望取一个带字母"X"的名字。显然，人们发"X"时，即使发音含混不清，亚马逊的软件也更容易辨识出来！我倒是担心那些既有亚马逊Alexa，又有家人跟这款智能助理同名的家庭，说不定会分不清谁是谁呢。

目前，谷歌正在研发可以自动驾驶的汽车。前景该有多么美好？真让人惊叹，萨伊德一家真是等不及了。反正我老爸急需一辆，越快越好，谁让他车技极差呢（我有没有提过，我老爸曾在麦当劳"得来速"餐厅排队的时候闹出了四车连撞）。想象一下自动驾驶汽车操控起来会轻松多少吧，人们大可优哉游哉，在车里偷闲。再说了，自动驾驶汽车也许会更安全，会减少撞车事故，还有可能更利于环境保护。

不过，问题来了：这种亮眼的新车并非对所有人都是好消息。比如，对的士司机，或者任何想当的士司机的人来说，它们恐怕算得上天大的打击。

或许在不久的将来，机器人会给人类诊断疾病。只需花区区几毫秒时间，它们就能查阅各种症状、扫描图和最新研究成果，并为你提供准确的诊断和治疗，而你还没有来得及说完一句：

我头好痛。

真是棒极啦！

可是，到时候医生们又该怎么办呢？

目前，机器人已经可以着手打包我们在线订购的货品。用不了多久，机器人就会开始运送货品，或许还会用上无人机。

真是棒极啦！

只不过，到时候包装工人和邮递员又该怎么办呢？等到这项技术真正落地，他们又将何去何从呢？

根据某些预测，到2060年，机器人或许可以从事几乎所有目前已知的工作。到时候，人类又该怎么办呢？这正是症结所在。到时候我们究竟该怎么办？

好吧，我们将不得不做好准备，从事一些目前也许尚未问世的工种。

我已经猜中你要说出什么话啦：我们究竟该怎么做这种准备？上文才刚刚说过，这些工种"目前尚未问世"！那我们到底要怎么准备？！

唔，请先培养自己的……

灵活性

我可不是让你急匆匆地奔去最近的瑜伽课，我是指我们应该随机应变。因为在未来的日子里，我们恐怕不得不随机应变，而且不得不经常随机应变。

我们必须确保自己乐于对事物提出质疑，对更佳的处事途径保持好奇心，还要确保需要做出变革时，我们能够随机应变。

请改变一下对待改变的态度吧

有些时候，变化确实令人却步。当我们已经熟习的事物变得不再一样，"怀疑小子"说不定就会冒出来，让我们开始担忧自己应付不了。

可实际上，我们并不应该畏惧改变，只不过需要准备妥当。毕竟，过去又不是没有发生过改变，世界末日也并没有降临嘛！不如再回顾一下历史长河中人们不得不去适应的那些巨变吧。

★ 钱财

人类并非自古就使用金钱。直到十三世纪，大多数人还住在乡下，用自有或自制的物品以物易物。比如，假如你需要几只羊，你可以用你家的一头奶牛换上两只羊。假如你不需要羊，或许会用你家的牛奶跟别人换些胡萝卜。不过，随着越来越多的人搬进城镇，以物易物开始变得十分麻烦。对城里的一居室公寓来说，奶牛简直太占地方了（更别提有多脏多乱了）。另外，假如你想要胡萝卜，可卖胡萝卜的人却不想要你家的牛奶呢？于是，人类开始将钱币作为交易方式。

★ 宇宙的中心

人类一度认定，太阳是绕着地球转的！不过，当哥白尼于1543年提出地球是围绕太阳转时，人类不得不对此进行了严肃的反思。自那以后，物理学又迎来了诸多全新的进展。

闪闪的电光

相对来说，电在历史上就出现得晚一些——直到1882年，人类才开始使用第一批严格意义上的电灯泡[1]。试想一下，假如当初人类不具备灵活性、适应性，没有为巨变做好准备的话，那会怎么样？人类会依然住在又暗又黑的房屋中，在冒烟的火堆旁烹饪，在浴盆里洗衣；与此同此，我们也绝不会在互联网上看什么视频。

 电话响叮当

电话也并非人类历史上一直存在的事物。直到1876年，才有人注册了首个电话专利。那可不是你可以随身携带的手机，不是那种可以用于通话、发短信、玩游戏、购物并自拍的手机（以上事项还可以同时进行）。最开始的电话机很大，带有固定在墙上的电线。在电话发明之前，除非同处一室，不然人类无法互相通话。假如你想约某人见面，你恐怕不得不给对方写信，约对方在三周后的周四见面。而且吧，你既无法反悔，也不能迟到，毕竟你没办法告诉对方你去不了！

---

1. 1882年9月4日，世界上第一个电网诞生，爱迪生完成了将电灯推向千家万户的壮举。

（毁誉参半的）塑料

塑料最初发明于19世纪50年代。塑料廉价耐用，而且轻便，堪称风靡一时。人类简直被迷得忘乎所以，却没有细想塑料对地球和海洋生物是否有害。当塑料被人类丢弃以后，它可是很难被处理干净的。因此，虽然人类已经习惯了一个充斥着塑料的世界，目前却决心做出改变，要将塑料束之高阁。但这一目标还远远没有达成，你知道吗？迄今为止，我们还应付得来。我们已经意识到，用纸吸管喝水也没什么不对劲，实际上，大多数人还可以把头再低下四厘米，干脆从杯子里喝水。我们已经意识到，其实不必每去一趟超市都用二十七个全新的塑料购物袋，难道不能重复使用一两个棉质购物袋吗？

上述所有改变都有一个共同点：它们出自变革者之手，他们会观察身边的世界，挠挠头，质疑一下是否还有改良方案。当我们提出质疑，我们或许可以改变世界。

爱发问的小孩

　　心理学家山姆·沃斯(Sam·Wass)博士主导的一项研究显示，幼儿每天会问的问题竟然多达七十三个。由此研究推断，人类好奇心的巅峰期很可能是在年仅四岁的时候！在那个年龄，人类问出的问题最多。

　　瞧，四岁的我们年纪还太小，不会给**"怀疑小子"**什么可乘之机。说不定，当时我们见都没有见过**"怀疑小子"**呢！四岁的我们，正兴致勃勃地探索着身边的世界，忙着摸索答案，以便将来

开辟自己的路。我们还没有琢磨过要融入人群去当个正常人，没想过哪种发型显得最棒。我们并不羞于开口问问题，不怕自己显得像个呆瓜。

　　可惜，随着年岁渐长，我们对事物的质疑越来越少，开始认定某些事物其实不容置疑，我们把那份**"计划书"**抛到了脑后。

　　拜托，请继续质疑吧，请继续开口问问题，请保持好奇心。

　　下文讲的是两个勇敢的人物。为了让自身所处的世界变得更加美好，这两个人敢于提出质疑。

马拉拉·优素福·扎伊

马拉拉于1997年出生于巴基斯坦。马拉拉十一岁的时候，恐怖分子掌管了她所住的村庄。恐怖分子不许村里的女生上学，他们觉得女孩用不着上学。

马拉拉并不愿意服从这个新规定。她坚定地相信女孩有权上学，于是她决定大胆发声，对恐怖分子的政策提出质疑。

可惜的是，因为她的质疑，马拉拉遭遇了袭击。她随后被送到了英国治伤，可她一刻也没有后悔过。

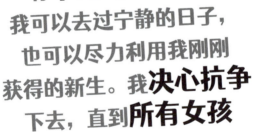

"当时，我心知自己面前有**不同的路**可选：我可以去过宁静的日子，也可以尽力利用我刚刚获得的新生。我**决心抗争**下去，直到**所有女孩**都能上学的那一天。"

马拉拉目前在牛津大学求学，每天依然对争取女性的受教育权满怀热忱。

别退缩

　　假如我们希望掌控局势，希望搞清楚能否改变周遭的事物，我们必须随时准备好开口发问。当着"怀疑小子"的面一展气势，无惧迟疑，大胆发问吧。也就是说，请勇敢一些，鼓足勇气去探索一下能否改善现状。

　　别怕开口问问题。假如你从不开口发问，你恐怕会始终惦念着当初问题的答案究竟是什么。

　　不过，也别忘了另一件事。

　　关键在于：

等到手握答案以后，除非你切实付诸行动……除非你真的采取措施，做出相应的改变……不然的话，什么也不会发生。

因此，"勇敢做自己"的下一步，是确保大家明白怎样付诸行动。毕竟，画界巨匠毕加索也说过：

"行动
是一切成功的
关键。"

你的未来

该你上场啦

好奇一点，再好奇一点

一想到要改变自己，或许会让人却步。不过，让我们先把步骤拆开吧。下文是以我为例的步骤，你的清单上又有哪些事项呢？

哪些事情是我绝对可以改变的？

我每天早晨穿的袜子。

我去做某事的投入程度。我记得某本好书写的正是这方面的内容，该书书名中还带有"厉害"一词？

我决定向他人学习什么，不学习什么？目前我可不会再唱凯文推出的热门歌曲了，还有，我也肯定不会再随身带着火柴跟随任何一个人去面包店了。

哪些事情我觉得无法改变，但假如我勇敢质疑，或许也能够改变呢？

想当初，我的数学老师讲课的进度堪称飞快。直到好些年后，我才回过神：当初数学老师应该会很乐意放慢讲课速度，给我们一些额外帮助。当时我没有开口要求，要是真开了口该多好啊。

银行那份白领工作不适合我，我却想瞧瞧自己是否有能力试着撰稿。行吗？

勇敢些专注于此！

哪些事情是我肯定无法改变的呢？

我哥，还有他那好胜的脾气。

昨日之事。

天气。埋怨天气多冷有什么用呢，又不会让天气暖和起来。

还有我的某些"朋友"，假如他们并不真心欣赏我的为人的话，比如蒂姆·普雷斯顿、菲利普·贝克和面包店的一众店员，就不值得我千方百计地在他们面前维护形象。

负责，发问，你能行。

第六章 做个"行动派"

　　有时候，我会自责得恨不得给自己一脚。好吧，我并不会真端自己一脚，毕竟挨一脚会很痛。只不过，21世纪最杰出的发明之一差点儿就落到我头上了——就差一点儿。可惜，"就差一点儿"跟"根本没戏"没什么区别。

　　乒乓球相关装备其实很多，也许让人难以置信，但却是实情。比如，乒乓球拍（通常我随时都备有五只左右）、乒乓球（我备有五十个左右）、特殊的乒乓球鞋、运动装（我热爱运动装）、T恤、短裤、袜子，再加上胶水。半点不假，很多很多胶水。我敢夸口，这一点你根本没猜到。你知道乒乓球运动员精于手工艺吗？

　　事实上，上述内容非常有意思，也跟我们在第五章里谈过的内容有很大关联。所以，拜托听我说下去吧。你以前有没有想到过乒乓球拍两面的胶皮？也许没有。不过，猜猜怎么样？球拍的胶皮是可以更换的！你不一定非要留着球拍自带的胶皮，可以把原胶皮换下来，更换成其他质地的胶皮，以便跟你的球风更搭。因此，在我打球的年代，乒乓球运动员们常常随身带着一片片球拍状的胶皮，再粘贴到球拍上。每场赛事之前都会这么做！各场比赛时甚至还有特定房间，专用于给运动员刷胶水、粘贴。因此，还是提出质疑吧。你说不定就会贴上不一样的胶皮，让你打球更顺手。

不过，还是重回正题吧：21世纪最杰出的发明之一差点儿落到我头上的一刻。当时，我随身带着上文提到的一大堆乒乓球相关装备。我有一只极大的蓝色运动型旅行袋，带有两只把手和一条肩带。旅行袋里装着清洁套装、备用球拍和上周用过的套装（我还没顾得上取出来），总之重得不得了。

一背上这只旅行袋，我的肩膀就难受。可我走到哪里都得背着这只旅行袋，无论去法国、瑞典，还是日本。后来，这只旅行袋在去挪威卑尔根的路上被人偷走了，但那是另外一个话题。不管怎样，它无异于一个（沉甸甸的）噩梦。

我一度暗自琢磨：

要是可以用轮子推着
这只旅行袋到处走，
岂不是棒极了，
一个**带轮旅行袋**嘛。

天哪！ 当初我竟然想到了带轮旅行袋！

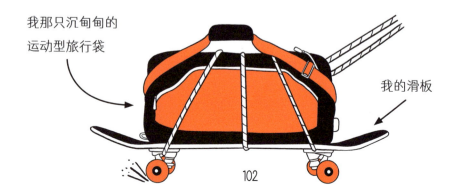

我那只沉甸甸的
运动型旅行袋

我的滑板

不管你信不信，但在我年轻时，带轮旅行袋尚未问世。可惜，问题在于……当初我并没有把带轮旅行袋发明出来。因为我只是脑子里转了转这个念头，而接下来，我什么也没有做。**"怀疑小子"**又现身了，他声称这是个馊主意。他还声称，假如我把依然随身携带、收在旅行袋深处的那块滑板垫到包底，人家也许会取笑我。于是，我听了他的话。

不如把改变的过程当作一连串步骤吧。依我看，总共有三步。在"旅行袋事件"中，我已经完成了第一步和第二步：

第一步：**提出质疑**

我对所处的困境提出了质疑——旅行袋太沉，我该怎么办？

第二步：**提出解决方案**

我琢磨出了解决方案——在旅行袋底部安上滚轮。

第三步：**行动起来**

落实我的方案——在旅行袋底部安上滚轮。

……可惜，我并没有做到第三步。

当初我竟然只空想了一番！

我只是继续背着旅行袋前往一场又一场比赛，每次都累得够呛。

时至今日，一个行李箱不带滚轮的世界恐怕已经难以想象。不过，昔日确实如此。历经数十年，人们才为沉甸甸的行李箱难题找到了解决方案——滚轮。那个幸运儿本来有可能是我。结果，一位名叫伯纳德·萨多的人因为度假时要费力搬运几只沉甸甸的行李箱，琢磨出了"带轮行李箱"方案。可是，跟我不一样，伯纳德并不只是想想而已，转头又接着回去烦他哥。伯纳德真的把自己的创意付诸行动了，安了几个轮子到自己的行李箱上。他开创了一种全新的业务，在行李箱行业掀起了一场带轮行李箱包革命。

若**不付诸行动，**
质疑就是一场空。
别让
"怀疑小子"
拖你的后腿。

试想一下吧：课堂上，你坐的是一把摇摇摆摆的座椅。你心知椅子不稳，心知它让人恼火，心知其实有办法解决；只不过，除非真的起身换一把座椅，不然你就会活生生地困在其中，一直摇晃。

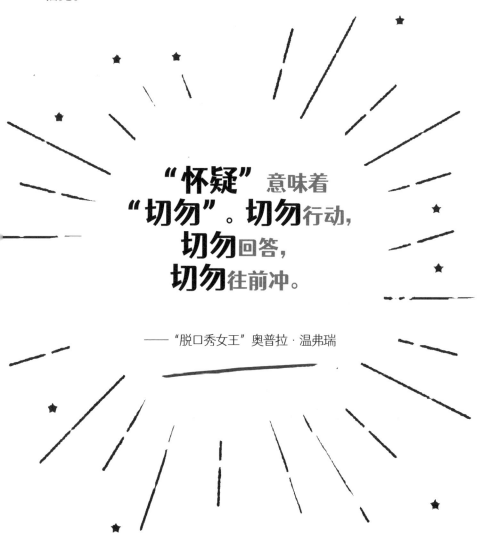

"怀疑"意味着"切勿"。切勿行动，切勿回答，切勿往前冲。

——"脱口秀女王"奥普拉·温弗瑞

"行动派"人士

来瞧瞧我最欣赏的几位"行动派"人士吧。我指的不是"蜘蛛侠"或"美国队长",而是某些对周遭世界提出质疑并采取行动的人。为了自己,也为了他人,那些"行动派"采取了主动,改善了局势。

理查德·布兰森

理查德·布兰森是一位成就卓著的企业家,倒不是说他的全部生意都风生水起,但其中不少确实很成功。目前,他已成为身家亿万的富豪。

不过,情况并非一直是这副模样。说到采取措施,我最欣赏的一段经历就出自年轻时的理查德·布兰森,当时他尚未赚到亿万身家。理查德·布兰森时年二十二岁,创建了一家名叫"维京唱片"的唱片公司,但还只是刚刚起步。某次他到了波多黎各,在等待驶向英属维尔京群岛的航班时,却听说航班被取消了。他既失落,又恼火,因为他跟女友已经分别整整三周了,很盼望能见到她。

106

因此，他的面前有两条路可选：

选项一
当个"行动派"

选项二
甩手什么也不管

I
不提出任何质疑。

2
到机场咖啡馆一屁股坐下（假如机场确实有咖啡馆的话）。

I
质疑自己是否真有必要为了下一班飞机等待好几天。

3
坐等。

4
等了又等。

2
拟出解决方案。

5
寄希望于下一班飞机不会被取消。

6
或许能够离开波多黎各，或许无法离开波多黎各——永远也无法离开。

3
按方案付诸行动。

107

理查德·布兰森的选择是：当个"行动派"。

他致电一家飞机出租公司，询问租一架可以马上从波多黎各飞往英属维尔京群岛的飞机需要多少租金。问到租金价格以后，他再用租金除以其余恼火的乘客总人数（这些人也因原定搭乘的航班被取消而回不了家）：结果是每人三十九美元。也不是太离谱嘛。于是，他在黑板上写下一份告示，宣布他以三十九美元的价格售卖飞往英属维尔京群岛的机票，同时展示给在机场里等航班的所有人。

没过多久，他就跟一群刚结识的好友搭上了回英属维尔京群岛的飞机——听到这个结局，你必定会吃惊吧。不过，还有一点或许会让你更吃惊：正是因为这场风波，理查德·布兰森才起意创建了一家名叫"维珍航空"的新公司。

梅拉蒂·维森与伊莎贝尔·维森

得知卢旺达对塑料袋下禁令的消息时，这对来自巴厘岛的姐妹年仅十岁、十二岁，姐妹俩随后便开始琢磨能否在自己的家乡巴厘岛采取类似措施。

她们的面前有两条路可选：

选项一
当个"行动派"

1
质疑巴厘岛上为什么塑料制品泛滥，海滩与河流中为什么充斥着塑料袋。

2
拟出解决方案。

3
按方案付诸行动。

选项二
甩手什么也不管

1
甩手什么也不管。

2
再多丢一些塑料袋，任它们充斥海洋。

维森姐妹俩选择了当个"行动派"。

她们发起了名为"对塑料袋说再见"的禁塑运动，旨在杜绝巴厘岛及其他地区的塑料袋。刚开始，她们发起了清洁海滩活动，不久以后，她们又向政府请愿，呼吁少用塑料袋。目前，巴厘岛已经见不到塑料袋的身影。

凯尔文·多伊

凯尔文生于塞拉利昂的首都弗里敦。弗里敦的电力供应极不稳定，停电属于常事。十岁时，凯尔文就对这种情形不太满意。

因此，他的面前有两条路可选：

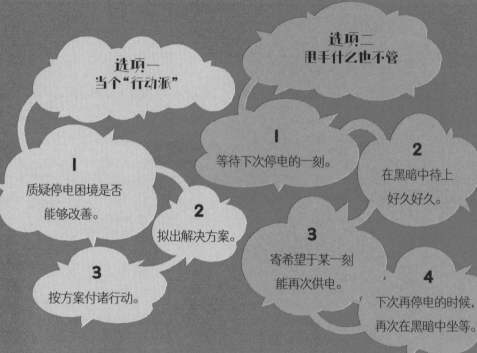

选项一
当个"行动派"

选项二
甩手什么也不管

1 质疑停电困境是否能够改善。

2 拟出解决方案。

3 按方案付诸行动。

1 等待下次停电的一刻。

2 在黑暗中待上好久好久。

3 寄希望于某一刻能再次供电。

4 下次再停电的时候，再次在黑暗中坐等。

凯尔文·多伊选择了当个"行动派"。

他把废金属、废弃设备和垃圾收集起来，随后通过自学，造出了一台发电机。发电机给凯尔文家和该街区各家供电，而凯尔文的举动也激励了塞拉利昂的整整一代年轻人，让大家相信：若是全心投入，一切皆有可能。

尼古拉斯·洛温格

年纪尚幼的时候，尼古拉斯跟着母亲探访过一家流浪者收容所，发现收容所里有些人连鞋子也没有，这让他十分震惊。收容所里有对兄妹轮流着隔天去上学，因为两兄妹共用一双鞋。

尼古拉斯的面前有两条路可选：

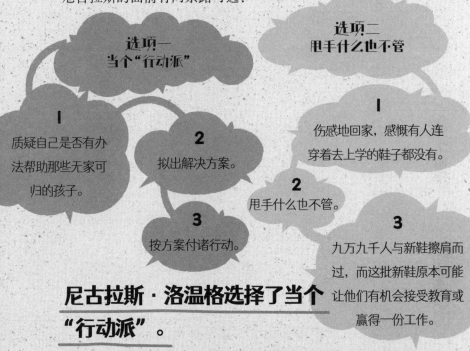

选项一
当个"行动派"

选项二
甩手什么也不管

1 质疑自己是否有办法帮助那些无家可归的孩子。

2 拟出解决方案。

3 按方案付诸行动。

1 伤感地回家，感慨有人连穿着去上学的鞋子都没有。

2 甩手什么也不管。

3 九万九千人与新鞋擦肩而过，而这批新鞋原本可能让他们有机会接受教育或赢得一份工作。

尼古拉斯·洛温格选择了当个"行动派"。

收容所探访结束以后，他火速地赶回家，把自己能找到的鞋子全都收集起来，随后捐给了收容所。可是，等到了收容所，尼古拉斯才发觉，收容所里的人并非都跟他穿同样的鞋码。尼古拉斯没有气馁，又发起了一项名叫"赠鞋"的倡议，为无家可归者送去了尺码合脚的新鞋。

自那以后，"赠鞋"活动捐赠的新鞋已超过十万双，帮助无家可归者出门上学、参加求职面试，并树立自尊、自信。

做个"行动派"

话说回来，你不必非要改变世界，你自己大可以当个"行动派"，提出质疑、改变自身现状。

还是说回我在银行的那个职位吧。

这次职场惨败让我学到了一件事：质疑并无不可。我老爸并没有因为我不中意这个职位而恼火。当初我考虑得清清楚楚，我也有能力做出改变且不纠结——那份工作就是跟我不搭。

第一步：质疑现状。

我深知自己喜爱写作，还痴迷学习，喜爱倾听新见解并汇集起来供他人阅读。说不定，我真能提笔当个名副其实的作家？

第二步：拟出一个解决方案。

不过，为了改变现状，我必须迈开行动的步伐，采取主动——我不可能凭空成为一个作家。于是，我面临选择：要么，我可以乖乖坐等，甩手什么都不管，寄希望于某人记起两年前我为本地报纸撰写过一篇关于乒乓球的稿件，或者听说我已经做好当个撰稿人的准备，给我打个电话。概率不高吧。

要么，我还可以实施——

第三步：采取行动并主动改变现状。

我回想起一件事：我的好友马克曾经想要在放学以后找个服务生职位，以便赚点零花钱。于是，他采取了行动，给雷丁的所有餐馆都打去了电话，请人家转主厨通话。谁知道每家餐馆都一口回绝，除了他不小心打错的一通电话。对方是一家疗养院，他们同意让马克给院里的老年人做晚餐。我很为马克开心，可我也真心同情疗养院里的住客。马克这小子连三明治也做不好！

我决定照搬当初马克用过的招数。我致电给我能想到的所有相关人士：每一位报纸主编、体育栏目主管、副主编——总之，每一位或许能给我一个机会的人。我甚至跟某家报社的办公室清洁工聊了整整十五分钟。当时对方接起了电话，而我根本等也没等，径直说了起来，聊起对方为什么应该放手让我撰写一篇关于空手道的短稿。

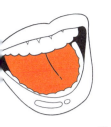

　　对方声称，他只负责买消毒剂时，我不禁有些失落，不过依我看，他还是有点同情我。于是，他把主编的直拨号码告诉了我。

　　打电话推介自己很让人心头发毛，次次都十分尴尬。对方根本不会回我电话，就算我真的打通了电话，也不止一次听到对方回答我：

"马修·萨伊德对吧？打乒乓球的？不好意思，从来没听过您的大名。"

　　不过，等我终于打了上百通电话以后，我跟一位名叫大卫·查普尔的有识之士聊上了，他当时担任《泰晤士报》的体育编辑。

　　正是他，给了我一个机会。

别打退堂鼓。
当个 "行动派" 吧。
改变自身现状。

该你上场啦

我能做到吗？

等你下次想说"我真希望""他们有必要"或"某人真应该"等语句时，请你将其替换为"我可以……"或"我可以拜托……"。

瞧瞧以下几则实例：

1. "他们有必要在校内创建一个戏剧社，我们学校还没有戏剧社呢。"你可以试试改口说："我可以在校内创建一个戏剧社，我们学校还没有戏剧社呢。"

2. "某人真该给行李袋安上滚轮，我的行李袋可重得很呢。"你可以试试改口说："我可以给行李袋安上滚轮，我的行李袋可重得很呢。"

3. "我真希望有人辅导一下我的家庭作业。"你可以试试改口说："我可以拜托某人辅导一下我的家庭作业。"

转眼之间，你就切换到了"行动派"人士的心态！

加油。

第七章 做好人，酷得很

世上并非人人心善。

但我老妈确实有一副好心肠。不管是谁，她都会伸手帮对方一把，会带对方去他们想去的任何地方，无论白天，还是夜晚。有一次，她曾驱车两百英里送我去参加乒乓球比赛，可惜等我抵达目的地，把那个又大又沉的蓝色旅行袋翻了个底儿朝天（旅行袋不带滚轮）时，才发觉我随身带了六双没洗的袜子，却一只乒乓球拍也没有带。

成事不足，败事有余。

我老妈对我窝了一肚子火，可她还是再驱车两百英里，回家给我取了球拍。于是，当天她开了整整八百英里（知道吧，就是那辆车身涂着"萨伊德兄弟"字样的车）。那辆车居然能跑满八百英里，已经让我惊掉了下巴，更别说它还是在一天之内跑完的。

不过，我老妈不仅只对我好，她对所有人都很好。某天晚上，曾经有整整九个人挤在我家起居间过夜（没错，九个），因为当天下了大雪，一辆公交车在我家门外抛锚了。我老妈跟公交车上的人素不相识，但她给车上所有人都煮了热汤，还把自己最爱的一本书送给了其中一个人。谁让对方夸赞书架上的那本书呢。

她的心肠真的特别好。

唔，上面这则关于我老妈的趣闻让我不禁暗自寻思：瞧，她的朋友多得数不清。人人都喜爱我老妈，人人都信任我老妈。但凡是个派对就会请她参加，但凡有人要分享消息、遇上麻烦而要人帮忙时，她就是第一个接到电话的人。

我记得，某次我妈本该给我们学校的蛋糕义卖烘焙蛋糕，谁知她却患上了流感。她差点连话也说不出来，更别提下床撕开糖霜的包装了。于是，她吩咐我哥和我替她做蛋糕。

好吧，这个决定对所有人来说都风险极大。我对下厨一窍不通，我哥只在学校里做过一个圣诞蛋糕。当初他做出的糖霜硬得赛过石头，我老爸不得不动用电动雕刻刀才切得进去。

因此，我们兄弟俩心想：呃，干脆拉倒算了。当天晚上，我哥和我走在前往乒乓球中心的路上，我却又改了主意。老妈病得厉害，辜负学校的期望又会让她很失落。于是我们兄弟俩折返回家，翻开一本食谱，两人都差点被电动打发器夺走一根手指（千万不要在家乱试哦），结果做出了人类历史上或许最不堪的十二个纸杯蛋糕。

做出了人类历史上或许最不堪的十二个纸杯蛋糕。

我真心同情那些在学校义卖时买到我家蛋糕的人。这批蛋糕能好吃到哪里去？幸好是场义卖，而关键在于，大家都对我们兄弟俩赞不绝口，很开心我们努力了一番，也很开心我们一心想要帮忙。

随后好几天，我都觉得心情很舒畅。举手之劳的善举，却让所有人都把我当作了继南丁格尔护士[1]之后最杰出的人物（唔，差不多吧）。这让我明白了一点：

我恐怕应该尝试多多伸出援手。

也就在那一刻，我还领悟到另一件事。

这正是所有人都十分欣赏我老妈的原因。因为她心地善良、乐于助人、值得信任。总之一句话，她正是大家希望结交的那种人，对吧？

---

1. 弗洛伦斯·南丁格尔（Florence Nightingale, 1820—1910）：英国女护士，近代护理学和护士教育创始人。

稍后再详谈这一点吧，可惜，我们恐怕要先看几则坏消息了。实际上，世上并非人人善良，大家也**无疑不是每时每刻都善良的**。

世人的无情各有各的无情法，无情得花样百出（依我看，我刚写出了世上最绕口的绕口令）。他们说不定会说刺耳的话，说不定会不肯跟你分享，说不定会排挤你，甚至在你开口求助的时候一口回绝。

不过依我看，大多数人都愿意与人为善、伸出援手。我敢说，你恐怕乐于将自己看作心地善良的人；但我也敢说，你恐怕也曾经对人刻薄过一两次。反正我深知，我自己就有过刻薄的时候，而且常常是**"怀疑小子"**惹出来的事（没错，罪魁祸首又是他）。当**"怀疑小子"**害某人感觉忐忑不安或患得患失的时候，

这个人也许会开始做些让自己颜面无光的事，或者说些让自己颜面无光的话，也许会伤别人的心、给别人帮倒忙，而这些又反过来害始作俑者质疑自己，总之是一连串骇人的**"怀疑小子"**连锁反应！

最近一次有人待你刻薄，是什么时候？或许对方说了些很刺耳的话，或许对方排挤你，或许你向人求助，对方不肯答应。我敢说，你一定记得。

所谓"不近人情"：

其影响是深远的。

123

依我看, 人们冷漠无情或不肯帮忙可能是出于以下几个原因:

冷漠无情的理由

对方担心你超过他们。

对方觉得待你刻薄会让其他人认为他们很酷。

你为什么不该任由自己为这种情况烦心

唔, 赞你一声"了不起!"。很显然, 你正在努力实现自身的目标。切勿偏离你自己的轨道。还用说吗, 对方理应更努力些, 才能追上你的脚步。冷漠无情可不会助长他们的技能!

好吧, 这样纯属浪费对方的时间。这样做必然不会真让他们变成成功人士, 所以别让自己为这种情况烦心, 接着走好自己的路吧。

对方感觉自己有点不堪，对你刻薄会让他们自我感觉良好——暂时自我感觉良好吧。或许是因为害你沮丧，多多少少让他们得以操控你的情绪。

假如对方能抢先一步针对你，其他人也许就会忘掉针对他们。

对方只是没弄懂他们正在错失些什么！

依我看，这才是大家常常变得刻薄的缘由，尤其在网络上。有那么片刻，对方从自己冷漠无情的行径中获得了一丁点愉悦。但是，他们开心不了太久。怎么会持久呢？你又不会一直沮丧下去，因此对方必然会对其他人下手。更何况，这种做法无疑会让人留不住朋友。

依我看，这种情况会发生在人们疲倦、有压力或有点难过的时候，变得刻薄会让对方暂时把自己的感受抛到脑后。这纯属对方在自编自演——跟你没有半点关系！因此，千万别被这种情况拖后腿，害你偏离自己的路线。

下文就快讲到这一点了。十分精彩！

假如总的说来，与人为善反而更佳呢？唔……"还用说吗，"我已经听见你在嚷嚷，"你不如再把老师每天念叨五十次的事情再说一次好了。"

与人为善的秘密

话说回来，我已经跟大家提过人类皮屑脱落的精彩小知识了。我敢说，你的老师可没有提过这种事，根本**没人**会跟你提**这种事**。

再说了，假如与人为善、人缘良好能够实打实地让你**更加成功呢**（这可是大家不会跟你提的又一个秘密）？假如事实证明，用点心帮助他人意味着你的**朋友**或许会**更多**、你会更有人缘，那又怎么样？我敢肯定，这正是我老妈朋友众多的缘由。

瞧，依我看，大多数人都愿意与人为善。"**怀疑小子**"时不时会来捣乱，因此人们会有一些冷漠无情的言行，虽然并非出自他们的本意。不过，假如真诚做自己、勇于做自己，能够让人**更加坚韧**，并在他人冷漠无情的时候帮助到你，那又怎么样？毫无疑问，这种做法一定会让"**怀疑小子**"一脸刻薄的冷笑化为泡影。

假如人人都能得知这个秘密，也许人人都会变得更加友好、更愿意伸出援手。我们或许就能拦住正在逞凶的"小霸王"和正在……唔，上网……的"网络喷子"，总之，效果**极为惊人**。假如人人都与人为善，团结起来的话，或许足以改变人类。

哇哦，你是不是能看出这条路通向哪里了？没错，它向诺贝尔和平奖奔去呢（我早就明白，练单簧管和写诗确实有效）。

好啦，言归正题吧。

127

当今时代，世事变革是如此之快，人们彼此之间的联系也更加便捷。人们正在联手努力攻克难题，比如气候变化、全球贫困，以及未来机器人辅助人类的方法。在这样一个世界里，与人为善、乐于助人，正是我们所需的技能。除此之外，假如我们与人为善并乐于助人，或许**我们自己**也多多少少会从中获益，仅仅是"或许"吧。

不列颠哥伦比亚大学的科学家新近开展的一项研究显示，与人为善能够让人们在社交场合**降低紧张感**、**焦虑感**，提升人们的**自信**。该研究显示，即使只表现出些微善意，也能降低人们的焦虑感。

与人为善会帮忙堵上**"怀疑小子"**的嘴，效果还很不错。

不过不用担心，你用不着把家里的车捐给离你最近的一家慈善机构，就已经可以从中获益啦。你大可以从小处着手。比如，你有办法在学校、在家里帮把手吗？你可以努力地把大家一起拉进你的计划吗？说不定再添上某个平时不在你朋友圈之内的人（正如在第五章里聊过的那样，把怀有不同见解的人加进团队也会很有用——双赢）？你可以对心情低落的人们说几句打气的话吗？

这份善意会提升人们对自身焦虑感的把控力，促进良性脑内化学物质的分泌，也让人们不那么惧怕结识新朋友。当我们意识到自己真的能够帮到别人时，自我感觉会更好。

· ·

声明一下：我反正很乐意捐出我家的车，就是车身上涂着"萨伊德兄弟"字样的那辆。那必是一项让我感到心情无比舒畅的善举。

· ·

"萨伊德兄弟"

总结一下吧，结论究竟是什么——与人为善会改善人们自身的感受、树立人们的自信心。**棒极了**。"小霸王"和"网络喷子"已经节节败退。

不过，与人为善的好处还不止这些……

多项研究显示，与人为善会促进大脑分泌一种叫作内啡肽的化学物质，能让人感觉愉悦。因此，帮你老爸清洗碗碟确实有可能跟吃一块巧克力一样愉悦。依我看，这种说法有待商榷，可是谁让人家有科学依据呢。

选择当个好心肠的人，而不是当个小气鬼，真的会让你有种**愉悦感**。

良医

有一次，三名顶尖心理学家想要研究一下"善意"。他们挑了六百名比利时医学生作为实验对象，其研究结果很是引人注目。首先，该研究显示：考试成绩最差的那批医生恰恰正是最具仁心的那批医生。

容我说完好了。要是能够一直读到结尾，这个事例倒是有力地揭示了一个道理。

怎么回事？我没听错吧？这研究结果不是跟上文的说法截然相反吗？

求学第一年的时候，那些愿意对别人伸出援手、慷慨分享课堂笔记、乐意辅导他人做完课外作业的医学生，获得的分数确实**比较低**。

不过，这种情形仅限于第一年。

到了第二年，这群颇具仁心的学生获得的分数跟其他学生**持平了**。

到了第六年，这群学生的分数就**远远超过**了其他学生。

到了第七年（没错，培养医生需要很长时间），这群学生变成了地道的尖

子生！他们的成绩**优异得不得了**，而一片仁心正是其成功的关键要素。

可是，原因究竟是什么？他们在第一年又为什么不是尖子生呢？

好吧，该现象背后的"道理"可以追溯到医学生的求学训练方式。求学第一年，医学生学到的知识大部分来自课本，比如医学生必须牢记人体运作的方式，并通过相关的考试。相应的，治疗病患的实际操作比较少一些。

由于为人较和善的医学生花了大量时间来帮助同学，把自己最厉害的背诵技巧和温习技巧分享给同学，其他同学的考试分数反而比他们更高。考试的目的在于测试每个学生的知识量，而为人较和善的医学生花了大量时间来帮助同学，却不是把时间花在自己的学习上。结果显示，在考个好分数方面，他们的一片仁心也许并没有派上什么用场！

不过，请联想一下医生在现实生活中的工作：医生治疗病患，在病人备受煎熬的时刻陪伴身边，并与其他医生、护士和家属一起做出对病人最有利的决策。医生们分享见解，还要权衡怎样才对病人最有利。

你能看出这意味着什么吗？

到了学业的第七年，较和善的学生所拥有的人际圈变得更加广阔。唔，谁让他们更容易相处呢！这些学生的人际关系网更广一些，信任他们的人也更多一些，因为他们乐意伸出援手。于是，越来越多的人会主动征询他们的看法。这些学生的一片仁心给了他们自信去分享见解，比如哪些治疗方案也许更有效。正因为这一点，他们在工作中的成就远超他人。

假如你想成为一名良医，哪些技能才是重中之重？知识显然很重要（还用说吗，你总不会愿意把大脚趾和眼角弄混吧，除非你愿意眼睛里长脚趾）！除此之外，有能力跟别人合作、获取病患及病患家属的信任、获取向你求助的广大人群的尊重，这些才是成就一名良医的要素，仁心是成功之钥。

在如今的世界里，人们面临的挑战比史上任何时期都更加复杂，仅靠自己一个人的努力并不能走得太远。我们必须越来越频繁地与他人高效合作，必须吸引他人加入自己的团队，也必须让他人信赖、认定我们既有用，又可靠。

"仁心"良医的事例还向我们揭示了另一则重要的道理：你不该把时间全部花在付出、扶持和照料他人上面。回想一下那些医学生一年级的时候吧，他们就没有把足够的时间花在自己的功课上，因此吃了教训。总之，诀窍在于找到平衡，在于同时也要善待自己，善待自己没什么不对。

善待自己！

良善，并不仅仅意味着善待他人。别忘了花点时间善待自己，正如善待身边的每一个人。花点时间确保自己心情舒畅、获得所需的帮助、不会过分担忧，是至关重要的。

下文列出了我为缓解焦虑和忧愁采取的几条措施：

① 培养睡眠习惯

在当乒乓球运动员期间，我的睡眠简直规律得不得了。假如次日你就要迎来一场重大赛事（坦白讲，就算没有重大赛事也一样），好好睡一觉是必不可少的。我一度把自家那个舒服的枕头塞进那只蓝色运动型旅行袋，走到哪里，带到哪里（也许这是那只旅行袋重得很的又一个原因。它要是带滚轮就太棒了）。除此之外，我还带了一条遮光毯，把自己的卧室变得极暗。拜托，摸索一下适合你的睡眠习惯吧，让自己睡个好觉：也许需要你每晚都在同一时间上床睡觉；也许需要在你的床边放杯水，免得你醒来口渴；也许需要花上二十分钟再读一遍你最爱的"哈利·波特"，好让自己放松身心。

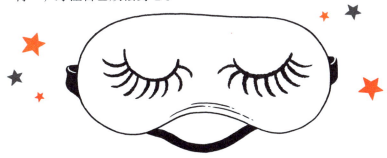

② 挤出时间锻炼

锻炼身体棒极了。为什么呢？因为锻炼会促使人体分泌大量的内啡肽，让人感觉非常愉悦。因此，要么体育课上多多加油，要么好好散散步，不然的话，也可以琢磨一下要不要加入某个本地体育俱乐部。比如，有人对乒乓球感兴趣吗？

③ 摸索让你内心平静的途径

我的绝招是，把我跟瑞典乒乓球运动员简·诺瓦·瓦尔德内尔的某场比赛再看一次，毕竟我发挥得很精彩，这招会让我心情舒畅。很显然，你用不上这招（不过，那场比赛确实精彩万分，没骗你）！因此，如果你感觉自己大脑飞转、不堪重负的时候，不妨想想身边有没有能做的事情吧，也许是阅读，也许是听音乐，也许是让自己醉心画作之中，总之奏效就好。

④ 不要一直紧盯屏幕

这一条不容忽视，原因在于，尽管现今的技术让人神往，却也可能拖垮我们。因此，放下你的电子设备，尝试些别样的活动吧。与其花上整整一下午玩电子设备或上网打游戏，不如去见见你的朋友、跟你的家人出去玩一趟。这样一来，你会发觉：网上世界只是广阔天地中一丁点小的一角。世上还有许许多多不一样的风景，出发去探索吧！

⑤ 别把心事憋着不说

抽个时间，跟亲朋好友或者老师聊聊那些让你不安的心事吧。你绝对不属于个例——哪有人没有烦心事！有些时候，光是跟别人聊聊天，就可以把你心中的"怀疑小子"赶跑了。

"团队" 不止 "我" 一人

听过乔纳斯·索尔克的大名吗？或许你没有听过。不过，这个人（再加上他的团队）说不定救过你的命。

脊髓灰质炎，即小儿麻痹症是一种传染病，最糟糕的情况下会导致肌肉麻痹，甚至致死。不过，不用担心，你不会感染小儿麻痹症——你肯定已经接种过疫苗了，而小儿麻痹症疫苗的研制者正是乔纳斯·索尔克。

不过，功劳并不只属于他一个人。当时有个**团队**跟他合作，团队人员一方面不辞辛劳地测试、改进疫苗，另一方面在试管中培育小儿麻痹症病毒。瞧，除非把那招人烦的玩意儿单独放置在试管中（而不是放置在更复杂一些的环境中——比如你的身体），不然很难查明怎样才能**战胜**病毒。不过，很显然，在试管中培育病毒并非易事。幸好，一群科学家已经探索出了解决之道，并凭借该成果获得了诺贝尔奖（难道这群科学家会吹单簧管）——而这群才气过人的科学家又跟乔纳斯·索尔克合作攻克了疫苗，因此他恐怕真该好好谢谢这群人。

"孤身一人**成就**有限，团结一致成就非凡。"

——无畏的作家兼政治活动家海伦·凯勒

上面这则故事向大家揭示了一个至关重要、关于"善意级联"的道理。

到了最后，缺乏善意之人的朋友圈往往会越来越小。大家并不信赖那些缺乏善意的人，也并不认为跟缺乏善意的人一起玩、一起工作是件有趣的事。到了最后，缺乏善意的人通常会变成最大的输家。

与此同时，善意则会引发**"级联效应"**。假如你和善可亲、乐于助人，那你会感觉心情愉悦、更有自信。关键在于，这份善意也会让其他人心情愉悦！于是，他们又会愿意向他人伸出援手。

随后，还没有等你回过神，你就已经拥有了足以媲美互联网的一大帮朋友啦。善意自有回报。

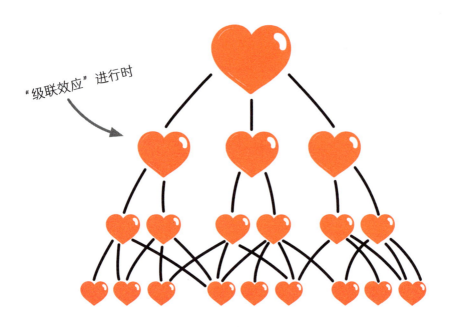

"级联效应"进行时

138

"善意治愈人类。
正是善意，
将我们凝聚；
正是善意，护我们安康。"

——歌星/善之代言人 Lady Gaga[1]

---

1. 原名史蒂芬妮·乔安娜·安吉丽娜·杰尔马诺塔，美国著名女歌手、词曲作者、演员。

仁善天下知

还想多了解一下善意如何让你心头一暖吗？

★ 从七岁时开始，极富盛名的电影演员兼导演马修·麦康纳都会在每年感恩节期间给老人、困居家中的人、买不起食物的人送热餐。他告诉对方自己名叫"马修"，因此谁也不会想到他是位好莱坞明星。

★ 作为有史以来最忙、影响最大的作家之一，J.K.罗琳在忙于写作《哈利·波特与火焰杯》时，曾抽出时间给一位确诊患上白血病的粉丝写了一封电子邮件。遗憾的是，那位粉丝不久后去世了。不过，她活在了"哈利·波特"丛书中——某个被分进"格兰芬多学院"的角色取了她的名字，而"格兰芬多学院"正以勇气著称。

★ "让爱传出去"运动鼓励人人都自发地为三个不同的人做三件善事。小事也无妨，例如，不具名为别人买杯热饮，下雨时给路上行人一把伞。主旨在于做善事的人并不向对方索要任何回报，但对方要"让爱传出去"，并再为另外三个人做三件善事，仅此而已。这个运动已经在世界各地广为流传，还有一本书和一部影片取了该运动的名字呢。

该你上场啦

善意自有回报

○考虑一下你每天能为哪三个人做哪三件小小的善事，并坚持一个星期。

○一丁点小的善事也无妨，例如，帮人把着门，给学校新来的学生一抹灿烂的笑容，主动提出清扫你自己的卧室或者帮倒垃圾。

○等到过完一个星期，记录一下自己做的善事，好给自己留下记忆，并让自己记得每一宗小小善举所带来的感受。

第八章　人生路上有坎坷

假如，你在世间活得够久，依我看，恐怕总会遇上几件棘手的事情。没错，在接下来的一亿分钟里（顺便说一声，也就约等于一百八十九年），恐怕你总会遇上几件需要解决的麻烦事。

本章专攻的正是怎样对付这些麻烦，比如那些计划之外的变故、那些害人担忧或不安的因素。众所周知，这些不就是**"怀疑小子"爱死了**的麻烦事吗——不过，假如我们要勇于做自己、要走自己的路，就必须有能力克服途中的坎坷。

而一路向前，难免会有坎坎坷坷……

每逢我打输乒乓球比赛的时候，我的教练皮特·查特斯就会冒出一句口头禅：

> **马修，这种关头要的就是"韧劲"，要百折不挠啊。**

坦白来说，我一直说不准"百折"究竟跟这种场合有什么关联，"韧劲"又究竟是一种什么"劲"？不如瞧瞧这个词吧：

韧劲。

你或许听过这个词，老师或爸妈或许已经提及过这个词好几（百万）次了。可是，这个词究竟意味着什么呢？

我曾经在*Cambrige English Dictionary*[1]里查过"韧劲"，因为皮特·查特斯在某次难熬的训练里又提到了"韧劲"。

所谓"韧劲"：

在遭遇困境后重获幸福或再度成功的能力。

眨眼间，"韧劲"似乎变成了一个吸引人的词！

假如人们在遭遇困境后依然能够重获幸福或再度成功，我从一开始也许就用不着那么担心吃败仗！假如真的输了球，我会心里有数：将来我依然有赢球的希望，因此下一场球赛就不会害我那么忐忑。

换句话说，那就等于世界末日并不会降临，世界不会在我耳边轰然倒塌。我总还有机会……

所以，假如当初了解这一点的话，我就会更加自信地走自己的路——说到底，难关总会过去嘛。

---

1. 中文译名为《剑桥英语词典》。

RESILIENCE

想想看，"RESILIENCE"（"韧劲"）其实是个很有意思的词。这个词包含的字母可以拼出各色各样的单词，比如 "**CELERIES**"（芹菜），我非常不爱吃芹菜，一想到这种招人厌、绿莹莹的蔬菜，竟然还不止一根[2]，简直让我心头发毛。你也可以拼出 "**EILEEN**" 和 "**IRENE**" 两个人名，但这些人究竟又是谁呢？

说正经的，其实这个词包含的字母也可以拼出一些我真心喜爱的单词，比如 "SINCERE"（**真诚**），而 "真诚" 正是我与他人相处时竭力想要做到的一点。另一组单词则是我的最爱，假如你把 "RE-SILIENCE" 中的所有字母重排一下，可以造出 "I RE-SILENCE"（**我再度让……噤声**）这个短语。我很喜欢它。它讨我的欢心，因为我心知：我开始自我怀疑时，我必须一次又一次地让**"怀疑小子"**噤声，我必须学会在**"怀疑小子"**每次想要拖我后腿的时候让他噤声。

哇哦。假如形势出了计划外的变故，"韧劲" 听上去岂不正是我们急救包里急需的灵药吗？可是，在我那次练完乒乓球并查阅字典词条的时候，其实我并没有弄明白 "韧劲" 究竟是怎么回事，更别提怎样才能学到 "韧劲" 了。也许 "韧劲" 可以在线订购？会包好送来吗？我简直摸不着头脑，直到我哥大展威风……

---

2. "芹菜"对应的英文单词为复数。——译者注

我哥这家伙……一向认为自己是个搞笑高手。其实不然。不过，他倒真的会冒出一些很好玩又很有用的见解（事实已经证明），能给大家带来启发。

　　比如，假设你能变成一块蛋糕，你想当哪种蛋糕——这就是时常在我家上演的那种论战。我哥是一块巧克力松饼；我通常是块瑞士卷，有时候则是一块布朗尼[1]；我老爸却一向是朗姆黑加仑水果面包（不，我也不爱吃朗姆黑加仑水果面包，可是，我老爸长着一双能够发掘打折品的慧眼，说不定某处的朗姆黑加仑水果面包正在打折）。

　　还没完哪！假设你可以变成一座城市，你想当哪座城市？我哥觉得，他想变成瓜达拉哈拉，毕竟这个名字听上去好玩且富有异国情调，但我拿不准他是否清楚这座城市到底在哪里（要是你也好奇的话，它在墨西哥）。至于我，毫无疑问，一心想当伦敦。不知道什么缘故，一想到拥有一个地底地铁系统，我就开心。而且吧，要是人们乐意，大可纵身跃上地铁驶出两百米呢。

　　正如我在前文所说，萨伊德家不会放过当天发生的任何大事要闻。

---

1. 质地介于蛋糕与饼干之间的一种欧美家常蛋糕。

谁知道有一天（马上就说到正题啦，我保证），我哥冒出了一个十分好玩的想法。

假设你的身体可以是任何一种材料组成的，你希望用哪种材料？

我们家整整商量了好几天（别忘了，那个年代电视还没有普及，iPad也还没有问世）。刚开始的时候，我们认定已经胜券在握：当然是**黄金**啦！岂不是完美得很？可以从自己的左手肘上削下一块，转手买上一辆车或一幢房，不然就修一修趾甲，买个冰激凌。棒极了！

不过，还是面对现实吧，这招不太行得通。左手肘的用处非常大——正如一个人身上的大多数部位，尤其是对一名乒乓球运动员而言。再说了，趾甲恐怕长得也没那么快，快到可以让你每星期吃上一个薄荷巧克力屑蛋筒冰激凌。

于是，我们推翻了方案，重新酝酿。直到某一天，我哥给脚踏车轮胎打气的时候，突然冒出了一个想法……

好吧，我敢说你已经迫不及待地想要揭开谜底了，中选的究竟是哪种神奇材质？

唔，就是……橡胶！

我明白，太扯了吧，对不对？不过，关于橡胶，以下是几则让人惊叹的实情，你知道吗？

1 其实它产自树木（跟钱不一样，钱可不是树上长出来的——当初我老妈不得不给我的化学老师赔了一条新长裤，此后曾一遍遍地对我念叨）。

2 橡胶树原产于巴西，但商业化种植多在东南亚地区，一棵树每年产胶量可达八点五公斤左右（跟两只普通体型的猫咪体重差不多），产胶年限长达二十八年！

又是你？

3 全球每年橡胶产量达上千万吨，可生产上亿只轮胎（再加上一大堆乒乓球拍胶皮）！

4 天然橡胶属于很环保的材料。实际上，美国每年都会回收二点五亿只橡胶轮胎。在回收利用的过程中，它们可以产生新燃料，以替代煤炭、汽油。橡胶简直是双赢的代名词！

不过，说到橡胶，最有意思的一点并不是人类用它制造了什么产品……而是它自身的能耐！

这也是我自己最突出的强项之一，是遭遇难关时大大赋予我信心的绝招。

橡胶的本领是……

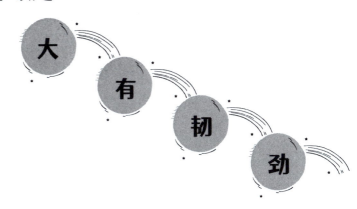

大 有 韧 劲

- ○ 它保持**柔韧**，任人左左右右、上上下下、曲曲折折地拉扯，任人捏扁揉圆；
- ○ 它**以柔克刚**（这正是橡胶轮胎对付路上坎坷的诀窍）；
- ○ 它十分**结实**、**耐磨**；
- ○ 它可以**隔热**、**防漏**；
- ○ 在被回收利用时，它甚至还会**重塑自身**！

橡胶真是顶呱呱啊。当我们一家人（不情不愿地）向我哥道喜，庆祝他攻克了那个"材质"难题时，我的脑子里却忽然灵光一闪……我终于悟出了"韧劲"的含义。

橡胶就很有"韧劲"。

所谓"韧劲"，
就是"不脆弱"，即使弯曲也不会折断。

橡胶揭示的道理！

假如我要应对下面这些麻烦的话：

○ 当事情砸了锅；

○ 当局势出了计划之外的变故；

○ 当我吃了败仗；

○ 当我犯了错。

十分柔韧、弹性十足的橡胶，让我悟出了自己该有的样子。

试想一下吧，假如你可以在日常生活中练出跟橡胶一样的本领：**以柔克刚、卸掉压力**（正如汽车轮胎），克服前进路上**千千万万道坎坷**，日复一日、年复一年。

每一天，人们都会遇上许多事，要思索、学习、牢记的东西数都数不过来。在学校念书的时候，我向来无法把所有事情都通通办妥。坦白来说，那时我可犯过不少错呢。很多次我前去国际象棋社的时候，却发觉戏剧社正在排练《音乐之声》，而我本来也该在《音乐之声》里演出（我要演个修女，拜托别问啦），于是麻烦变得更大了。另外，我就从来没有把烹饪课要求的配料全部弄对过。有一次，我还不得不做了一份缺了意大利面的肉酱意大利面。

"怀疑小子"动不动会对我露出讥笑，我老爸则每天动不动就发脾气。他的原话是，我那间卧室……

看上去活像个羊圈。

依我看，要是我的卧室果真是个羊圈，屋里只怕会乱得多，可我又在心里嘀咕：最好还是别去跟我老爸对质吧。

再说了，我家还有那辆让人颜面扫地的车要对付，车身上涂着**"萨伊德兄弟"**字样的那辆。每次坐它的时候，我都会拼命朝座位里缩，能缩多矮，就缩多矮，以免让人察觉到我就坐在车里。可惜，这招完全行不通，对吧？**车身上明明涂着我的名字呢。**

上文聊到的都是人生路上的一些小小坎坷，属于常事，无论是在线上、线下，在校、在家，还是跟好友们在一起，通常都是些鸡毛蒜皮的事儿。而且谢天谢地的是，通常也不至于是送命的难关。可惜，这些麻烦事让人伤透脑筋，假如你多少有点像我的话，也许有时会让你感觉不堪重负。因此，我们必须学会应对日常生活中鸡毛蒜皮的麻烦事，我们必须能够做到**卸压**，以免它们对我们产生过大的影响。

从坎坷中重新振作

你即将面临的部分坎坷是些一丁点小的小事，但另外一些也许会比较重大，其中一部分甚至有可能改变你的人生。因此，我们最好备有几条锦囊妙计，帮着应对那些难关，并从中学习。

试想一下，假如你是个橡皮人，就可以跟橡胶一样，在冷不丁地遭遇重击的关头再度振作起来（正如一辆拖拉机陷进了一个坑，却挣扎着爬出来）。

"那究竟怎样才能办到这一点？"我听见你在发问了。问得好！我一边在心里琢磨着你的问题，一边寻思着我家那辆车（你明白是哪辆）碰上路面的坑会是什么情形（唔，好吧，路上任何一个小坑对它都是一道难关），却恍然悟到了一件事：我们其实早已经明白该如何……

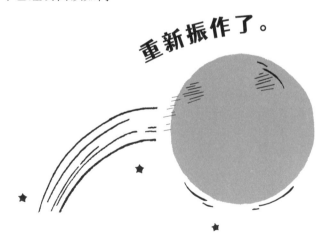

重新振作了。

问题的答案，一直就在我们的眼前。

假如我们并不惧怕不随大流，假如我们心里清楚自己可以改变局势，假如我们明白自己可以主动出击并做出成果……那岂不是对我们克服人生路上的坎坷大有助益吗？

没错！我坚信是这样！

当局势不顺，当你在前进路上遭遇坎坷，请把这道难关当作人生路上的一程吧。请调整你的目标，请别忘记你有能力做出改变。

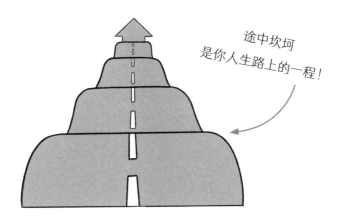

途中坎坷
是你人生路上的一程！

假如需要帮助，请开口向人求助吧。父母、监护人、老师、朋友都会乐意向你伸出援手，尤其是他们得知上文我们聊过的关于"善意"的秘密后。

假如你没有在开头就把事情办妥，**别慌**。又不是再也没机会了，请稳住心神，下次再把事情办妥。假如你多花了一些时间才做出成果，并不会因此就招来世界末日的。

155

也许会让你惊掉下巴的名人之路

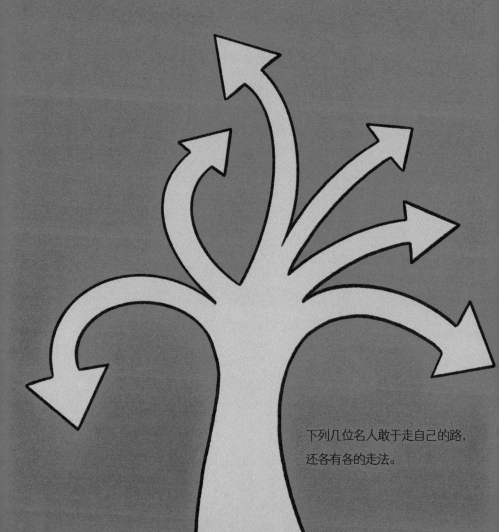

下列几位名人敢于走自己的路，
还各有各的走法。

案例：**酷玩乐队**

成就： 名气响当当的乐队，唱片销量高达一亿张！

特色之路： 乐队成立之初，一家名叫"帕洛风"的超级大公司十分愿意跟酷玩乐队签份唱片合约。大多数胸怀大志的音乐人都会欣然同意，可当时酷玩乐队的四名成员里，有三名正在伦敦念大学。主唱克里斯·马汀潜心学业，一心希望能够念完古代世界研究学位；鼓手威尔·查平正刻苦攻读人类学学位，主音吉他手强尼·邦蓝则在学习天文学和数学。

案例要点： 摇身变成摇滚巨星？唔，恐怕只能等上一阵子了。酷玩乐队的成员们希望念完他们的历史、数学和天文学课程——他们走了自己的路。厉害！

案例：文森特·孔帕尼

成就： 比利时足球运动员，球技顶呱呱。他曾担任曼彻斯特城足球俱乐部队长长达八个赛季（其中有四个赛季，曼城都夺得了英超冠军），为曼城出战两百六十五场球赛。

特色之路： 做到十分勤奋努力，才能当好顶级足球运动员，文森特却还打算在当运动员的同时投入学业。尽管花了整整五年，他最终还是顺利地获得了曼彻斯特商学院的MBA学位（一种超高水平的商科学位）。与此同时，他还每周率领曼城队当着五万球迷的面踢比赛。他说，几名队友因为他念MBA的事取笑过他，但那又怎么样呢？2017年，文森特从曼彻斯特商学院毕业了。

案例要点： 身为曼城队队长，曾经竟也因为没随大流而被人笑呢。不过，文森特没花多久就明白过来：跟别人不一样的地方，正是他自己的优势所在。念完MBA学位，意味着他拥有了一项跟足球大不相同的技能。他走了自己的路，勇于成为自己想要变成的样子。

唔，文森特目前又在学西班牙语了……

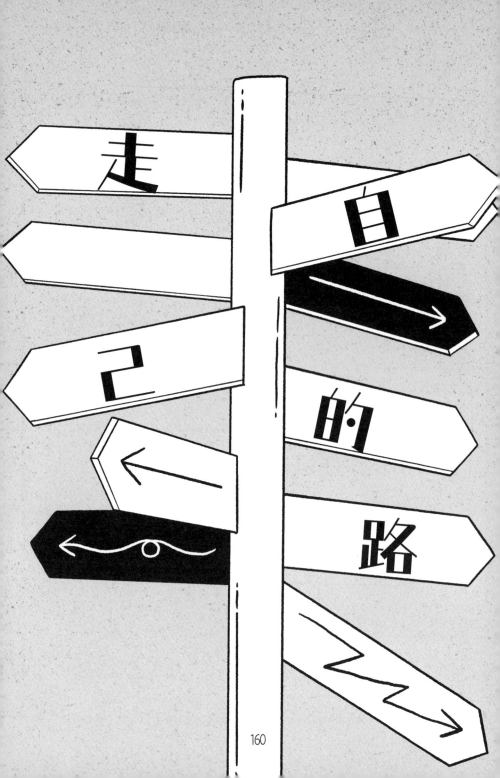

走自己的路

第九章 走自己的路

本书谈人生道路已经谈了不少。

因此，我想跟大家谈一谈我自己的人生道路，好为本书收尾。前几章已经提过其中的片段，大家都知道我在人生路上遭遇的一些坎坷——面包店那场火灾恐怕算是我人生中一场天大的祸事了——不过，我还想跟你们讲另外一件事。

我有几门GCSE测验成绩[1]没及格。

好啦，我总算说出口了。

这件事我没跟多少人讲过，算是我人生路上的一大难关吧。

大家的父母、老师也许不会太喜欢本书的这几段。他们或许盼着你顺利通过考试呢——他们这条意见再对不过了（拜托，务必转告他们，我很赞同，这句话也许能让我的书给他们留个好印象）。不过，我想告诉大家的是，世上有着各种各样的人生道路，不管路上会有什么样的坎坷，总有一条路会行得通。请别放弃你的计划，掌好人生之舵吧，最重要的是，忠于自己。

下文会详细地再谈谈这一点。不过，因为本书马上就要收尾，你也马上就要迈步走上自己的路，不如再重温一下"计划书"的内容（又名"'勇敢做自己'之宣言"）以及我的个人经历吧。

---

1. GCSE（General Certificate of Secondary Education）：中等教育普通证书，为国际认可的学历证明，需在英格兰、威尔士及北爱尔兰等地区的中学修习两年（某些学校为三年）课程后取得。——译者注

计划书

① 跟真心喜爱你这个人的人做朋友

跟那些能帮你成长的人做朋友吧，而不是拖你后腿的人。假如你觉得这种人在你身边简直没有几个，那你恐怕没有找对地方，希望本书能给你打打气，去别的地方找一找。

我的人生故事·后篇：

后来，我不再千方百计地想给蒂姆·普雷斯顿和菲利普·贝克留个好印象，却跟马克成了密友。除了想共享那套运动装遭遇惨败之外，我跟马克倒是一见如故。每当我需要朋友的时候，马克总会在我身边力挺我，于是我再也很难见到"**怀疑小子**"露面了。

② 做适合你自己的选择

人生中有太多选择要做，太多决定要下——每一分、每一秒。请换位思考、将心比心地做出决定，请根据你眼中那些不容忽视的价值观（并打心眼里认定的价值观）做出决定，而不是"**怀疑小子**"怂恿你挑的那些选项……

我的人生故事·后篇：

后来我还是读完了《霍比特人》。因犯傻把我的第一本《霍比特人》扔进垃圾桶以后，我不得不又买了一本新书。那本小说让我很着迷，尽管我没能劝动足球队的队员们去读，但马克却读了，他也很入迷，入迷到甚至把他养的小鱼改了名，从"凯文·基冈"改成了"甘道夫"[1]。多说一句，那可是一条雌鱼。

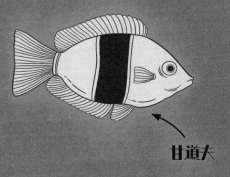

甘道夫

3 **切勿盲目跟风，跟别人学。请做你自己**

挑出别人身上你真心欣赏的品质，并有样学样。大可不必模仿那些无助于你实现目标或忠于自己的特质。

我的人生故事·后篇：

后来我不再跟风凯文·基冈用须后水，也不再趁着每个圣诞节吵着要一台"根德400"收音机，你听了应该很开心吧。凯文·基冈的球技非常有用，可我已经敢于树立自信，按别的方式开拓自己的路。

4 **别怕按你自己的节奏办事**

勇敢一点吧。假如有必要，不妨开口要个慢慢来的机会。每个人都有各自的学习方式。

---

1. 甘道夫（Gandalf）：英国作家J.R.R.托尔金奇幻小说《霍比特人》《魔戒》中的虚构人物。——译者注

我的人生故事·后篇：

　　某次在日本超级巡回赛上，为了赢一场乒乓球赛，我一口气连吃了四十天败仗，直到第四十一天才开始赢球。你也许会觉得，这场比赛把"按你自己的节奏办事"带入了一种全新的高度，可坦白来说，我只是花了好久好久才悟出诀窍。

　　因此，不妨慢慢来。假如有必要，请开口向人求助，你终究会抵达目的地。

⑤ 做好心理准备，准备变通

　　也许你没办法马上摸索出自己的路，但这没什么大不了。也许在摸索出真正适合自己的途径之前，你必须尝试好几次。

我的人生故事·后篇：

　　有时候我会琢磨，要是当初我没有下定决心变通的话，后来会怎么样？也许我还在那家银行里上班呢。要是我还待在那里工作，谁知道那家银行会有什么样的遭遇（话说回来，缺了我，它倒是已经变成了全球最辉煌的银行之一——因此，你自己下结论吧）？假如当初我待在银行，没有离开，日子肯定也算过得去，可那样我就无法追随自己的梦想，从而当个作家了。

(6) **与人为善。千万别听那些对你怀有恶意的人的话**

　　在前文中，这一条听上去确实有点让人反胃，但本书向大家阐明了一点：与人为善，确实会有回报。大家也已经明白：做个好人，好处多多。

我的人生故事·后篇：

　　当初我和我哥为了取悦生病的老妈，做了一批义卖纸杯蛋糕，我到现在都还记得买了蛋糕的顾客的表情（很显然，我指的是顾客们在尝到蛋糕之前的表情，不过嘛……）。顾客们真心为我们兄弟俩感到骄傲，好多年后都记得这件事。我们兄弟俩感觉很暖心。

⑦ 去行动，别干等。动起来吧，一切取决于你

那是你的人生路，掌好舵吧，走出最精彩的走法。别任由"怀疑小子"在你耳边唠叨你跟别人有多不一样。要知道，正是你身上的不同之处，造就了你。

我的人生故事·后篇：

你身上与众不同之处，正是你最突出的优势之一，没骗你。这个日新月异的世界并不缺克隆人，它缺的是随时有不同见解的人。因此，动起来吧，试试给旅行袋装上滚轮；假如乐意，就读读《霍比特人》；或者开口拜托别人给你一个机会……不过，无论怎样，千万不要动心思跟人共享一套运动装。

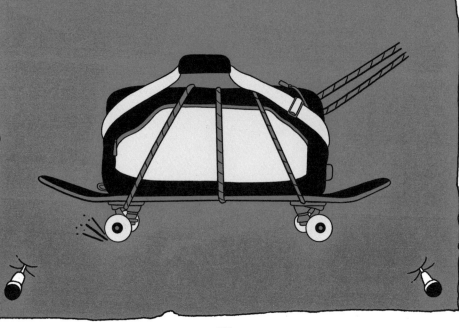

上文就是我制定的"计划书"，迄今为止，它在我身上很见效。当然啦，如果你坚信我的这份宣言会帮到你，那么就照它办好了。不然的话，请做些更改，**制定属于你自己的计划**、一份适合你自己的计划。

唔，再说回那几门测验好了，那几门我没及格的测验。

并不是所有课程我都没有及格，但确实有几门。如今回头一想，当初我并没有使出全力（小读者的父母和老师请留意这句话），让我心里很后悔，非常后悔。

当时我一门心思练乒乓球，乒乓球事业前景也一片大好。我获得了全国冠军，有望角逐奥运会——我真希望出战奥运会啊。

我把全副身心投入到了乒乓球事业上，而不是代数、地理和英语阅读上。

唔，我本来有望出战三届奥运会，可惜只去成了两届。我痛失了亚特兰大奥运会的参赛资格，因为我在奥运资格赛中惜败给佐尔坦·巴托菲[1]。那场败仗是我人生路上的又一道大难关，我深受打击，差一点就要放弃打乒乓球了。

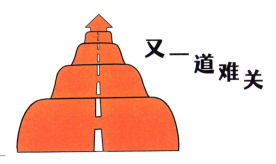

又一道难关

---

1. 佐尔坦·巴托菲 (Zoltan Batorfi, 1975—)：匈牙利乒乓球运动员，曾参加1996年亚特兰大奥运会乒乓球男子单打比赛。

不过，我还是坚持了下来。为了出战下一届奥运会，我以前所未有的劲头投入到乒乓球训练中。但相应的，我还要足足等上四年，于是人生路上的那道难关启发了我。人生中第一次，我琢磨起了一个问题：

假如将来某一天，我真的没办法再打乒乓球，那该怎么办呢？到时候我又该从事哪一行呢？

我所拥有的技能并不多。我能使出很厉害的正手扣杀，可在其他方面，我能拿得出手的本事实在不多（当然，惹毛我哥的能耐除外；说到这份能耐，我算得上世界顶尖高手了）。

假如没了乒乓球，我的人生路会变成什么样？我决定把舵掌好：再回头考完各科考试，还来得及。没错，我是会比其他参加考试的同学大几岁，可这就是我的人生之路嘛——我才不会让"**怀疑小子**"或其他人拖我后腿，不管是谁。

于是，我找来了课本，找来了往年考题，又在自家阁楼上找了个座（阁楼真是既舒服，又温暖），为通过考试而开始了自学。

我可不太推荐自学，因为自学非常不容易。假如我是在学校里学习，实打实地有老师、设备，上着课，通过考试就会容易得多。

但无论怎么样，回学校反正是来不及了。于是每天晚上，我要么在阁楼里听着我哥把麦当娜的CD放得满屋震天响，要么就在训练营里跟卡尔·普雷恩共用一间屋。队里其他队友读的是足球书、讲凯文·基冈的书，我读的却是博斯托克和钱德勒所著的《基础数学》。依我看，队友们恐怕都在笑我吧。实际上，我敢说他们真的在笑我。

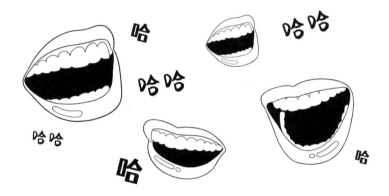

可是，**这是属于我的人生路**。我才不在乎别人的看法，他们休想拦住我。

考试周终于来临，我要前往伦敦一个名叫"威廉姆·古迪纳夫之家"的考场。我可记得清清楚楚，毕竟我喜欢它的名字。假如"威廉姆·古迪纳夫之家"的威廉姆"足够优秀"[1]，那是不是意味着我也一样"足够优秀"？

---

1. 在英文原文中，"威廉姆·古迪纳夫之家"中的人名"古迪纳夫"一词读音与"足够优秀"相同。——译者注

我紧张得要命，首次去考场的时候竟然走错了路。我可是考试挂过科的人，因此在晕头转向中，我忘了带地图。结果，我到了一个貌似地球上最大的邮局的地方。那简直活像个噩梦：四周都是红色邮政车辆，却根本没有一个是在等待考数学的考生。一名邮递员看我可怜（邮递员们对各处地址了如指掌），干脆陪我去了"威廉姆·古迪纳夫之家"——邮递员的善心真让我永生难忘。

　　考试差点就迟到了，但我好歹还是赶上了。

　　而且，我考试通过了。

　　每一门科目考试都通过了。

　　揣着这些考试成绩，我踏进了大学校门，一所非常不错的大学。虽然我的入学年龄比其他同学要晚一些，可也没什么大不了的。

　　跟大学的同学比，我不如大家时髦。大家也都不懂为什么我一年四季只穿运动装，我还在打乒乓球嘛（其实是因为我就爱运动装）。但无论怎样，这毕竟是

我自己的人生路。

在大学期间，我也一直坚持打乒乓球。我千方百计地抽出时间兼顾学习和乒乓球，我也希望能够兼顾，因为这正是我要走的路。获得大学学位后，我决定搬到某个顶尖乒乓球运动员聚集的城市，这样一来，我就有了一批最出色的训练搭档。

谁知道，对我而言，那座陌生的城市竟然又是一道难关。**"怀疑小子"**再度现身，实际上，**"怀疑小子"**简直活像在我的床底下安了家！不知道什么缘故，我好像没办法在那座全新的城市里结交好友，我跟它简直格格不入。

我一时说不清该怎么办才好，直到我又记起了自己的"计划书"，也就是那份宣言书。于是，我决心做出改变，搬家到了另一座城市——**我的人生路就这么一路走了过来。**

为了结交好友搬家到另一座城市，听上去也许有点用力太猛。毕竟，不是谁都能做出这么翻天覆地的变化的。不过，这件事让我领悟到：假如你想要结识一些新朋友，结交几个真心欣赏你这个人的朋友，那即使是一丁点小的变化，也是值得的。

尽管后来我要练乒乓球就得绕远路，但搬家到新城市是我做过的最明智的改变之一。因此我也笃定，假如你还没有遇到合拍的好友，你大可以把目光投向许多别的地方。这招在我身上很奏效，在你身上或许也很奏效。搬到新城市的头天晚上，我就结识了四个朋友，他们是我这一生所见到的心肠最好的人。他们成了我要好的密友，直到今日。

　　但我在悉尼奥运会上的战绩可不怎么样，第一场球赛我就吃了败仗。真是人生路上的一大挫折——不用说，我的奥林匹克梦画上了句号。于是，我真的退役了。不过谢天谢地，我已经有所准备。我已经考完了试，又在银行找到了一个职位，还跟"有头有脸"的人一起上班。至于我余下的人生轨迹，上文都已经写到（除非你略过了全书直奔末尾，那我可就要翻白眼啦）。

　　总之，我依然**在把我的路走下去**——大家似乎还很欣赏我那有些独特的思考方式。另外，算我走运，根本没人在乎我依然痴迷运动装……

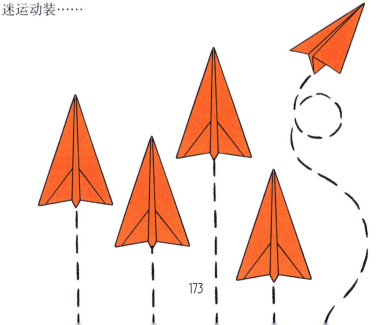

173

如今我依然非常愿意尝试新事物，并对周遭的世界提出质疑。对于未来，我满怀好奇。不用说，我的人生路上免不了还有一道道难关，并且必须一次次地做出改变。谁说得准呢，我的下一本书说不定就会出自某个机器人的笔下，而我本人将不得不转换赛道。不过，至今为止，我对自己的人生旅程很满意。

因为我明白（唔，从面包店失火以后算起吧）：我已经在人生路上掌好了舵，并已经办成了一些事，**我走的是属于自己的路。**

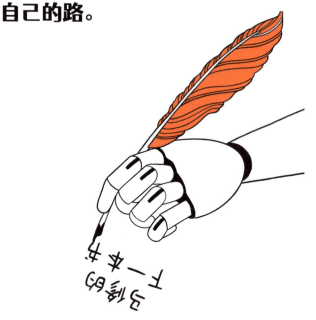

因此，请你接招：把你心中的**"怀疑小子"**赶跑吧，努力争取吧（拜托，努力一点），做个"行动派"吧，走好你自己的路吧。

请别忘记，**你很了不起。**因此，

图书在版编目（CIP）数据

勇敢做自己 / (英) 马修·萨伊德著 ; (英) 托比·特里安夫绘 ; 施乐乐译 -- 北京 : 北京联合出版公司, 2023.5

ISBN 978-7-5596-6707-6

Ⅰ. ①勇… Ⅱ. ①马… ②托… ③施… Ⅲ. ①人生哲学—青少年读物 Ⅳ. ①B821-49

中国版本图书馆CIP数据核字(2023)第035069号

北京市版权局著作权合同登记 图字：01-2022-1863
Text copyright © Matthew Syed,2020
Illustration copyright © Toby Triumph,2018&2020

勇敢做自己

作　　者：〔英〕马修·萨伊德
译　　者：施乐乐
出 品 人：赵红仕
出版统筹：慕云五　马海宽
项目监制：孙淑慧　上官小倍
策划编辑：高　锋　辜香蓓
装帧设计：孙　庚　李晓红

北京联合出版公司出版
（北京市西城区德外大街 83 号楼 9 层　100088）
北京联合天畅文化传播公司发行
北京中科印刷有限公司印刷　新华书店经销
字数 52 千字　880 毫米 ×1230 毫米　1 / 32　5.75 印张
2023 年 5 月第 1 版　2023 年 5 月第 1 次印刷
ISBN 978-7-5596-6707-6
定价：59.00 元